机械制造工艺与设备维护探究

张友同　郝丽敏　相黎阳◎著

U0320516

吉林科学技术出版社

图书在版编目（CIP）数据

机械制造工艺与设备维护探究 / 张友同，郝丽敏，
相黎阳著. -- 长春：吉林科学技术出版社，2023.5
　ISBN 978-7-5744-0450-2

　Ⅰ．①机… Ⅱ．①张… ②郝… ③相… Ⅲ．①机械制
造工艺②机械制造－设备－维修 Ⅳ．①TH16

中国国家版本馆 CIP 数据核字(2023)第 105708 号

机械制造工艺与设备维护探究

作　　者	张友同　郝丽敏　相黎阳
出 版 人	宛　霞
责任编辑	王丽新
幅面尺寸	185 mm×260mm
开　　本	16
字　　数	297 千字
印　　张	13
版　　次	2023 年 5 月第 1 版
印　　次	2023 年 5 月第 1 次印刷

出　　版　吉林科学技术出版社
发　　行　吉林科学技术出版社
地　　址　长春市净月区福祉大路 5788 号
邮　　编　130118
发行部电话/传真　0431-81629529　81629530　81629531
　　　　　　　　　　　　　　　81629532　81629533　81629534

储运部电话　0431-86059116

编辑部电话　0431-81629518

印　　刷　北京四海锦诚印刷技术有限公司

书　　号　ISBN 978-7-5744-0450-2
定　　价　80.00 元

前　言

当前，工业领域，特别是加工制造领域是加快科技与时代发展、提高宏观经济水平的重要源泉。加工制造过程是整个工业领域中的一个重要范畴，机械产品加工制造的各种水平和指标能最大程度上反映这个国家的综合国力和科技水平。在生产的过程中所采用的也是高科技的工程机械设备，但是工程机械设备操作较为复杂，并且有较高的科技含量，在运行的过程中需要专业人士进行操作，难度较大，并非每一名维修人员都能对机械设备进行维修以及检修。所以说在生产的过程中，如果高科技的机械设备出现问题，使得整个生产流程受到影响，不能及时排除问题，所带来的安全隐患较为严重，不仅影响企业的正常运行，甚至对于企业来说有一定的经济损失。

基于此，本书从切削加工基础知识入手，简要分析了刀具切削过程、机械加工质量、机床夹具以及工件装夹等内容，接着针对毛坯加工工艺（铸造加工、金属压力加工）、金属切削加工工艺（焊接、车削、铣削、钻削、镗削、刨削、拉削）等进行进一步的分析；随后介绍了精密与超精密加工、机械制造自动化、特种加工技术等现代机械制造技术；最后以机械故障与机械故障管理展开讨论，论述了机械检测诊断的方法、机床类设备的维修以及液压系统的故障维修等内容。

编者在撰写本书的过程中查阅了大量的资料，借鉴了很多学者、专家的宝贵经验，在此向他们表示衷心的感谢。由于编者水平有限，本书难免存在不足之处，敬请广大读者给予批评和指正。

目　录

第一章　切削加工基础知识

第一节　切削加工概述

一、切削加工的分类和特点

（一）切削加工的分类

切削加工是利用切削工具（包括刀具、磨具和磨料）从工件毛坯上切除多余的部分，使获得的零件具有符合图样要求的尺寸精度、形状精度、位置精度及表面质量的加工方法。任何切削加工都必须具备三个基本条件：切削工具、工件和切削运动。

切削加工有许多分类方法，通常按工艺特征分为机械加工（简称机工）和钳工加工（简称钳工）两大类。此外也可按材料切除率、加工精度、表面形成方法来区分。

机械加工是利用机械力对各种工件进行加工的方法。它一般是通过工人操纵机床设备来进行切削加工的。其方法有车削、钻削、镗削、铣削、刨削、拉削、磨削、布磨、超精加工和抛光等。所用的机床有车床、钻床、镗床、铣床、刨床、拉床、磨床、布磨机、抛光机及齿轮加工机床等。

钳工加工一般是通过工人手持工具来进行切削加工的。钳工常用的加工方法有划线、錾切、锯削、锉削、刮削、研磨、钻孔、铰孔、攻螺纹、套螺纹、机械装配和设备修理等。为了减轻劳动强度和提高生产效率，钳工中的某些工作可由机械加工替代，如锯削、钻孔、铰孔、攻螺纹、套螺纹、研磨等。机械装配也在一定范围内不同程度地实现了机械化和自动化，如汽车装配生产线，而且这种替代现象将会越来越多。

钳工加工是切削加工中不可缺少的重要组成部分，在自动化机器的智能还未超越人类智能时，就永远不会被机械加工完全代替。因为在有些情况下，钳工加工是非常经济和方便的，如在机器装配或修理中，对有些配件的锉修、对机器导轨面进行选择性切削的刮削、在笨重机件上加工小型螺孔的攻丝等。因此，钳工加工不仅比机械加工灵活、经济、方便，而且更容易保证产品的质量。

（二）切削加工的特点

1. 切削加工的加工精度和表面粗糙度的范围广泛

目前切削加工的尺寸公差等级为 IT1～IT3，甚至更高；表面粗糙度 Ra 值为 25～0.008 μm，甚至更低，是目前其他加工方法难以达到的。

2. 切削加工零件的材料、形状、尺寸和质量的范围较大

切削加工多用于金属材料的加工，如各种碳钢、合金钢、铸铁、有色金属及其合金等，也可用于某些非金属材料的加工，如石材、木材、塑料和橡胶等。被加工零件的形状和尺寸一般不受限制，只要能够实现切削加工，即可获得常见的各种表面，如外圆、内孔、锥面、平面、螺纹、齿形及空间曲面等。被加工零件的质量范围很大，重的可达数百吨，如葛洲坝一号船闸的闸门，高 30 余米，重 600 吨；轻的只有几克，如微型仪表零件。

3. 切削加工的生产率较高

在常规条件下，切削加工的生产率一般高于其他加工方法。只是在少数特殊场合，其生产率低于精密铸造、精密锻造、粉末冶金和工程塑料压制成形等方法。

4. 刀具材料的硬度必须大于工件材料的硬度

由于切削过程中存在切削力，刀具和工件均须具有一定的强度和刚度，只有刀具材料的硬度高于工件材料的硬度，才能实现刀具对工件的切削。

（三）切削加工的发展方向

随着科学技术和现代工业日新月异的飞速发展，切削加工正朝着高精度、高效率、自动化、柔性化和智能化方向发展，主要体现在以下几方面。

1. 高精度

加工设备朝着数控技术、精密和超精密、高速和超高速方向发展。进入 21 世纪，数控技术、精密和超精密加工技术将进一步普及和应用。普通加工、精密加工和超精密加工的精度可分别达到 1 μm、0.01 μm 和 0.001 μm（即纳米级），并向原子级加工逼近。

2. 高效率

刀具材料朝超硬刀具材料方向发展。21 世纪使用的刀具材料更加广泛，传统的高速

钢、硬质合金材料的技术性能不断提高。诸如陶瓷、聚晶金刚石（PCD）和聚晶立方氮化硼（PCBN）等超硬材料将被普遍应用于切削刀具，使切削速度可高达每分钟数千米。化学涂层和物理涂层技术的不断发展，使新型复合涂层材料日新月异。例如，氮铝钛类金刚石涂层技术以及纳米涂层技术的发展等，为解决高速切削各类高精度、高硬度难加工材料创造了条件。

3. 自动化和柔性化

生产规模由目前的小批量和单品种大批量向多品种变批量的方向发展，生产方式由目前的手工操作、机械化、单机自动化、刚性流水线自动化向柔性自动化和智能自动化方向发展。

4. 智能化

工艺基础将改变。在直接生产的环节中，采用物化知识的职能代替人，使人从直接参加生产劳动变为主要控制生产。

21 世纪的切削加工技术将面临逐步实现自动化制造，向着精密化、柔性化和智能化方向发展，与计算机、自动化、系统论、控制论及人工智能、计算机辅助设计与制造、计算机集成制造系统等高新技术及理论高度融合，并由此推动其他各新兴学科在切削理论和技术中的应用。

二、零件的种类和表面构成

（一）零件的种类

组成机械产品的零件，因其功用、形状、尺寸和精度诸因素的不同而千变万化，但按着其结构一般可分为六类，即轴类、盘套类、支架箱体类、六面体类、机身机座类和特殊类零件。每一类零件不仅结构相似，而且加工工艺也类似，有利于采用类比的方法正确选择加工工艺方法。

（二）零件表面的构成

零件的组成表面常见的有外圆、内孔、平面、锥面、螺纹、齿形、成形面以及各种沟槽等。虽然机械零件的表面形状多种多样，但按形体分析方法归纳起来大致有三种基本表面：回转面（圆柱面、圆锥面、回转成形面等）、平面（大平面、端面、环面等）和成形表面（渐开面、螺旋面等）。

三、零件表面的成型方法

（一）零件表面的成型原理

从几何学的观点来看，零件上各种表面都可由一条线（称为母线）沿另一条线（称为迹线）运动形成。平面由一条直线（母线）沿另一条直线（迹线）做平移运动而成，圆柱面由一条直线（母线）沿一个圆（迹线）运动而成，螺旋面由一条折线（母线）沿一条螺旋线（迹线）运动而成，齿轮表面由渐开线（母线）沿直线（迹线）运动而成。这些形成零件各种表面的母线和迹线统称为发生线。

母线和迹线的相对位置不同，所形成的表面也不同。直线（母线）和圆柱线相对位置的改变，就分别形成了圆柱面、圆锥面和回转双曲面。

（二）零件表面的成型方法

切削加工中，发生线是由工件和刀具之间的相对运动及刀具切削刃的形状共同实现的。相同的表面，切削刃的形状不同，工件和刀具之间的相对运动也不相同，这是形成各种加工方法的基础。按表面形成过程的特点，切削加工方法主要有以下两类。

1. 成型法

整个切削刃相对于工件的运动轨迹面即直接形成工件的已加工表面，换言之，被加工工件的廓形是刀具的刃形（或者刃形的投影）"复印"出来的。用成型法加工，可提高生产率，但刀具的制造和安装误差对被加工表面的形状精度影响较大。

2. 包络法

切削刃相对工件运动轨迹面的包络面即形成工件的已加工表面，换句话说，被加工工件的廓形是切削刃在切削运动过程中连续位置的包络线。

若刀具与工件之间没有瞬时中心（简称瞬心），这种方法称为无瞬心包络法，或称为包络法。例如，车削、刨削、铣削等。若刀具与工件的瞬心彼此做无滑动的滚动时，这种方法称为有瞬心包络法，或称为展成法。例如，滚齿法和插齿法加工齿轮。

四、切削运动及切削要素

（一）切削运动

要实现切削加工，刀具和工件之间必须具有一定的相对运动，才能获得所需表面形状，这种相对运动称为切削运动。

各种切削运动都是由一些简单的运动单元组合而成的，直线运动和旋转运动是切削加工的两个基本运动单元。不同数目的运动单元，按照不同大小的比值、不同的相对位置和方向进行组合，即构成各种切削加工的运动。

切削运动根据其功用不同可分为主运动和进给运动。切削运动由机床提供，常见机床的切削运动如表1-1所示。

表1-1 常见机床的切削运动

机床名称	主运动	进给运动
卧式车床	工件旋转运动	车刀纵向、横向、斜向直线运动
钻床	钻头旋转运动	钻头轴向移动
卧铣、立铣	铣刀旋转运动	工件纵向、横向移动（有时也做垂直方向移动）
牛头刨床	刨刀往复运动	工件横向间歇移动或刨刀垂直斜向间歇移动
龙门刨床	工件往复移动	刨刀横向、垂直、斜向间歇移动
外圆磨床	砂轮高速旋转	工件转动，同时工件往复移动，砂轮横向移动
内圆磨床	砂轮高速旋转	工件转动，同时工件往复移动，砂轮横向移动
平面磨床	砂轮高速旋转	工件往复移动，砂轮横向、垂直方向移动

1. 主运动

主运动是切下切屑所需的最基本的运动。在切削运动中，主运动的速度最高，消耗的功率最大，主运动一般只有一个。

2. 进给运动

进给运动是多余材料不断被投入切削，从而加工出完整表面所需的运动，进给运动可以有一个或几个。

（二）切削用量

切削用量是切削过程中的切削速度、进给量和背吃刀量（切削深度）的总称，通常称为切削用量三要素，它们是设计机床运动的依据。

1. 切削速度 v_c

切削速度是切削刃选定点相对于工件的主运动的瞬时速度，用 v_c 表示，单位 $m \cdot s^{-1}$ 或 $m \cdot min^{-1}$。

当主运动为旋转运动时，切削速度的计算公式为

$$v_c = \frac{\pi d n}{1000 \times 60} \ (m \cdot s^{-1}) \tag{1-1}$$

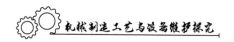

或

$$v_c = \frac{\pi d n}{1000} \ (\text{m} \cdot \text{min}^{-1}) \tag{1-2}$$

式中 d——切削刃选定点处工件或刀具的直径，mm；

n——工件或刀具的转速，$\text{r} \cdot \text{min}^{-1}$。

当主运动为直线往复移动时（如刨削加工），切削速度的计算公式近似为

$$v_e = \frac{2L n_r}{1000 \times 60} \ (\text{m} \cdot \text{s}^{-1}) \tag{1-3}$$

或

$$v_c = \frac{2L n_r}{1000} \ (\text{m} \cdot \text{min}^{-1}) \tag{1-4}$$

式中 L——行程长度，mm；

n_r——冲程次数，$\text{str} \cdot \text{min}^{-1}$。

2. 进给量 f

进给量是在主运动每转一转或每一行程时（或单位时间内），刀具在进给运动方向上相对工件的位移量，用 f 表示，单位是 $\text{mm} \cdot \text{r}^{-1}$（用于车削、钻削、镗削、铣削等）或 $\text{mm} \cdot \text{str}^{-1}$（用于刨削、插削等）。进给量还可以用进给速度 v_f（单位是 $\text{m} \cdot \text{s}^{-1}$）或每齿进给量 f_z（用于铣刀、铰刀等多刃刀具，单位为毫米/齿）表示。一般情况下

$$v_f = nf = nz f_z \tag{1-5}$$

式中 n——主运动的转速，$\text{r} \cdot \text{s}^{-1}$；

z——刀具齿数。

3. 背吃刀量 a_p

背吃刀量是在垂直于进给运动方向上测量的主切削刃切入工件的深度，又称切削深度（简称切深），用 a_p 表示，单位为 mm。

第二节　刀具及刀具切削过程

一、刀具角度

切削刀具在金属切削加工过程中具有举足轻重的地位，对机械加工的产品质量、生产率及加工成本都有直接影响。

（一）车刀的组成

切削刀具的种类很多，结构也多种多样。但是，无论哪种刀具，一般都由切削部分（又称刀头）和夹持部分（又称刀柄）组成。夹持部分是用来将刀具夹持在机床上的部分，要求它能保证刀具正确的工作位置，传递所需要的运动和动力，并且夹持可靠，装卸方便。切削部分是刀具上直接参加切削工作的部分，刀具切削性能的优劣，取决于切削部分的材料、角度和结构。

各类切削刀具的切削部分的几何形状与要素，均可视作是车刀的演变，即以普通外圆车刀切削部分几何形态为基本形态，其他刀具都是由基本形态演变或组合而成的。

车刀由刀柄（夹持部分）和刀头（切削部分）两部分组成，按联结方式有机夹式、焊接式和整体式。

在切削过程中，工件上通常存在着三个不断变化的表面，即已加工表面、加工表面（过渡表面）和待加工表面。已加工表面是工件上已切去切屑的表面，待加工表面是工件上即将被切去切屑的表面，加工表面（过渡表面）是工件上正在被切削的表面。

车刀切削部分（刀头）主要由三面、两刃、一尖组成，即前面（A_γ）、主后面（A_α）、副后面（A'_α）、主切削刃（S）、副切削刃（S'）和刀尖组成，其定义分别为：

①前面 A_γ（前刀面）：刀具上切屑流过的表面。

②主后面 A_α（主后刀面）：刀具上与工件过渡表面相对的表面。

③副后面 A'_α（副后刀面）：刀具上与已加工表面相对的表面。

④主切削刃 S：前面和主后面的交线，它完成主要的切削工作。

⑤副切削刃 S'：前面和副后面的交线，它配合主切削刃完成切削工作，并最终形成已加工表面。

⑥刀尖：连接主切削刃和副切削刃的一段切削刃，它可以是小的直线段或圆弧。

（二）刀具静止参考系

刀具要从工件上切下金属，必须具有一定的切削角度，也正是由于切削角度才决定了刀具切削部分各表面的空间位置。要确定和测量刀具角度，必须建立一定的静止参考系，这个参考系主要由三个互相垂直的基本平面组成，并由此能够生成其他一些所需要的辅助平面。

以直头外圆车刀为例，建立静止参考系。这个参考系建立的条件是：只考虑进给运动的方向而不考虑进给量的大小，规定车刀刀尖与工件装夹后的回转轴线等高，刀柄中心线垂直于进给运动方向。在此简化条件下的参考系，可以确立三个基本参考平面：基面 P_r、

切削平面 P_s 、正交平面 P_o ，以及其他辅助平面。

①基面 P_r ：通过主切削刃选定点，其方位垂直于假定主运动方向的平面。

②切削平面 P_s ：通过主切削刃选定点，与切削刃相切并垂直于基面的平面。

③正交平面 P_o ：通过主切削刃选定点，并同时垂直于基面和切削平面的平面，也称主剖面。

④假定工作平面 P_f ：通过主切削刃选定点，与基面垂直且与假定进给方向平行的平面，也称进给平面。

⑤背平面 P_p ：通过主切削刃选定点，并同时垂直于基面和假定工作平面的平面，也称切深平面。

（三）刀具的标注角度

刀具的标注角度是指刀具在其静止参考系中的一组角度，这些角度是制造和刃磨刀具所必需的，并在刀具设计图上予以标注的角度。以外圆车刀为例，表示了七个角度的定义。

①前角 γ_0 ：在正交平面内测量的前刀面与基面间的夹角。前角表示前刀面的倾斜程度，当通过选定点的基面位于刀头实体之外时定为正值，当通过选定点的基面位于刀头实体之内时定为负值。

前角 γ_0 对切削难易程度有很大影响：增大前角可使刀具锋利，切削轻快。但前角过大，刀刃和刀尖的强度下降，刀具导热体积减小，影响刀具使用寿命。常取 $\gamma_0 = -5 \sim 25°$ 。

②背前角 γ_P ：在背平面内测量的前刀面与基面间的夹角。螺纹车刀、插齿刀等刀具的前角常用背前角表示。

③主后角 α_o ：在正交平面内测量的主后刀面与切削平面间的夹角。主后角表示主后刀面的倾斜程度，一般为正值。

主后角的作用是为了减少主后刀面与工件加工表面之间的摩擦，以及主后刀面的磨损。但主后角过大，刀刃强度下降，刀具导热体积减小，反而会加快主后刀面的磨损。常取 $\alpha_o = 4 \sim 12°$ 。

④背后角 α_p ：在背平面内测量的主后面与切削平面间的夹角。与背前角一样，对于螺纹车刀、插齿刀等刀具用背后角表示，一般为正值。

⑤主偏角 K_r ：在基面内测量的切削平面与假定工作平面间的夹角。若刀刃为直线，主偏角为基面内测量的主切削刃在基面上的投影与进给运动方向的夹角。主偏角一般为正值。

主偏角 K_r 的大小影响背向力与进给力的比例及刀具寿命。在切深和进给量相同的情况下，改变主偏角的大小可以改变切削厚度和切削宽度。减小主偏角使主切削刃参加切削的长度增加，切屑变薄。刀刃单位长度上的切削负荷减轻，同时增大了散热面积，因而使刀具寿命提高。K_r 常取 90°、75°、60° 和 45°。当加工刚度较低的细长轴时，K_r 常取 90° 或 75°。

⑥副偏角 K'_r：在基面内测量的副切削平面与假定工作平面间的夹角。若刀刃为直线，副偏角为基面内测量的副切削刃在基面上的投影与进给运动反方向的夹角。副偏角一般为正值。

副偏角的作用是减少副刀刃与工件已加工表面的摩擦，减少切削振动。K'_r 常取 5~15°。

副偏角和主偏角的大小共同影响工件表面残留面积的大小，进而影响已加工表面的粗糙度值。

⑦刀倾角 λ_s：在切削平面内测量的主切削刃与基面间的夹角。当主切削刃呈水平时，$\lambda_s = 0°$；当刀尖为主切削刃上最低点时，$\lambda_s < 0°$；当刀尖为主切削刃上最高点时，$\lambda_s > 0°$。

上述刀具标注角度是在静止参考系中的一组角度，在实际切削加工时，由于车刀装夹位置和进给运动的影响，确定刀具角度坐标平面的位置将发生变化，使得刀具实际切削时的角度值与其标注角度值不同，这些变化对切削加工将产生一定的影响。如果考虑进给运动和刀具实际安装情况的影响，参考平面的位置应按合成切削运动方向来确定，这时的参考系称为刀具工作角度参考系。在工作角度参考系中确定的刀具角度称为刀具的工作角度，刀具的工作角度反映了刀具的实际工作状态。

二、刀具材料

刀具材料是指刀具切削部分的材料。随着制造工业的飞速发展，新的工程材料不断涌现，对刀具材料的要求也不断提高。刀具材料的发展，实际上是不断提高刀具材料耐热性、耐磨性、切削速度和表面质量的过程。刀具材料的选择对刀具寿命、加工质量、生产效率影响极大，在进行切削加工时，必须根据具体情况综合考虑，合理选择刀具材料，既要发挥刀具材料的特性，又要经济地满足切削加工的要求。

（一）对刀具材料基本要求

刀具切削工件时，切削部分直接受到高温、高压以及强烈的摩擦和冲击与振动的作用，因此，刀具切削部分的材料必须满足以下基本要求：

1. 高的硬度和耐磨性

刀具材料的硬度必须比工件材料高。硬度是刀具材料必须具备的基本特征，切削刃在常温下硬度均要在 62HRC 以上。

2. 足够的强度和韧性

刀具在切削过程中，要承受很大的压应力，有时还会承受拉应力、弯曲应力，因此要求在承受冲击或振动的情况下切削刃不致发生崩刃或折断。

3. 高的热硬性和良好的热稳定性

热硬性是指刀具材料在高温下保持硬度、耐磨性和韧性的性能。热稳定性是指刀具材料能承受频繁变化的热冲击。

4. 良好的化学稳定性

化学稳定性是指刀具材料在高温下的抗氧化能力、抗黏结性能及抗扩散能力。

5. 良好的工艺性能

刀具材料应具有良好的锻造性能、热处理性能、高温塑性变形性能及切削加工性能等，以便于制造。

6. 经济性

应结合物质资源来发展刀具材料，同时应综合考虑其制造成本。

7. 良好的可预测性

随着切削加工自动化与柔性制造系统的发展，要求刀具磨损及刀具耐用度等切削性能具有良好的可预测性。

（二）普通刀具材料

常见的普通刀具材料有碳素工具钢、合金工具钢、高速钢、硬质合金和涂层刀具材料等，其中后三种用得较多。

1. 碳素工具钢

它是一种含碳量较高的优质钢，含碳量在 0.7% ~ 1.2%，淬火后的硬度可达 61 ~ 65HRC，且价格低廉。但它的耐热性不好，多用于制造切削速度低的简单手工工具，如锉刀、锯条和刮刀等。常用牌号为 T10、T10A 和 T12、T12A 等。

2. 合金工具钢

在碳素工具钢中加入适量的铬（Cr）、钨（W）、锰（Mn）等合金元素，能够提高材料的耐热性、耐磨性和韧性，常用于制造低速加工（允许的切削速度可比碳素工具钢提高20%左右）和要求热处理变形小的刀具，如铰刀、拉刀等。常用的牌号有 CrWMn 和 9SiCr 等。

3. 高速钢

它是加入了较多的钨（W）、钼（Mo）、铬（Cr）、钒（V）等合金元素的高合金工具钢，有很高的强度和韧性，热处理后的硬度为63~70HRC，红硬温度达500~650℃，允许切速为40 m·min⁻¹左右。高速钢的强度高（抗弯强度是一般硬质合金的2~3倍、陶瓷的5~6倍）、韧性好，可在有冲击、振动的场合应用，它可以用于加工有色金属、结构钢、铸铁、高温合金等范围广泛的材料。高速钢的制造工艺性好，容易磨出锋利的切削刃，主要用于制造各种复杂刀具，如钻头、铰刀、拉刀、铣刀、齿轮刀具及各种成形刀具。高速钢常用的牌号有W18Cr14V、W6Mo5Cr4V2和W9Mo3Cr4V等。

4. 硬质合金

它是用高硬度、难熔的金属碳化物（WC、TiC等）和金属黏结剂（Co、Ni等），在高温条件下烧结而成的粉末冶金制品。硬质合金的常温硬度可达74~82HRC，红硬温度达800~1000℃，允许切速达100~300 m·min⁻¹，刀具寿命比高速钢刀具高几倍到几十倍，可加工包括淬硬钢在内的多种材料。但硬质合金的强度和韧性比高速钢差，常温下的冲击韧性仅为高速钢的1/8~1/30，因此，硬质合金承受切削振动和冲击的能力较差。硬质合金是最常用的刀具材料之一，目前多用于制造各种简单刀具，如车刀、铣刀、刨刀的刀片等，也可用硬质合金制造深孔钻、铰刀、拉刀和铣刀。尺寸较小和形状复杂的刀具，可采用整体硬质合金制造，但整体硬质合金刀具成本高，其价格是高速钢刀具的8~10倍。

5. 涂层刀具材料

它是在硬质合金或高速钢的基体上，涂覆一层几微米厚的高硬度、高耐磨性的难熔金属化合物（TiC、TiN、Al_2O_3等）而构成的。涂层一般采用CVD法（化学气相沉积法）或PVD法（物理气相沉积法）。涂层刀具表面硬度高、耐磨性好，其基体又有良好的抗弯强度和韧性。涂层硬质合金刀具的耐用度比不涂层的至少可提高1~3倍，涂层高速钢刀具比不涂层的耐用度可提高2~10倍。

（三）超硬刀具材料

超硬刀具材料目前用得较多的有陶瓷、人造聚晶金刚石和立方氮化硼等。

1. 陶瓷

陶瓷刀具材料具有很高的硬度和耐磨性，用于制作刀具的陶瓷材料主要有氧化铝（Al_2O_3）基陶瓷和氮化硅（Si_3N_4）基陶瓷两类，采用热压成形和烧结的方法获得。

常用的陶瓷刀具材料主要由纯Al_2O_3或在M_2O_3中添加一定量的金属元素或金属碳化物构成的M_2O_3基陶瓷，其硬度高达91~95HRA，抗弯强度为0.7~0.95 GPa，耐磨性好、耐热性好、化学稳定性高、抗黏结能力强，但抗弯强度和韧性差。这种陶瓷主要用于加工各种铸铁（灰铸铁、球墨铸铁、冷硬铸铁、高合金耐磨铸铁等）和各种钢材（碳素结构钢、高强度钢、高锰钢、淬硬钢等），也可加工铜合金、石墨、工程塑料和复合材料，不适宜加工铝合金、钛合金。Si_3N_4 基陶瓷有较高的抗弯强度和韧性，适于加工铸铁及高温合金，不适宜切削钢料。

2. 人造聚晶金刚石（PCD）

金刚石分为天然金刚石和人造金刚石两种，由于天然金刚石价格昂贵，工业上多使用人造金刚石。人造金刚石又分为单晶金刚石和聚晶金刚石（PCD）。人造金刚石是借助某些合金的触媒作用，在高温高压条件下由石墨转化而成。

PCD 是在高温高压下将金刚石微粉聚合而成的多晶体材料，PCD 的晶粒随机排列，属各向同性体，其硬度极高（HV5000 以上），仅次于天然金刚石（HV10 000），常用于制造刀具。用它制成的刀具耐磨性极好，可切削极硬的材料且能长时间保持尺寸的稳定性，耐用度比硬质合金刀具高几十倍至几百倍。但这种材料的韧性和抗弯强度很差，只有硬质合金的 1/4 左右；热稳定性也很差，当切削温度达 700~800℃ 时，就会失去其硬度，因而不能在高温下切削；与铁的亲和力很强，一般不宜加工黑色金属。PCD 可制成各种车刀、镗刀、铰刀刀片。其主要用于精加工有色金属及非金属，如铝、铜及其合金、陶瓷、合成纤维、强化塑料的硬橡胶等，也能加工硬质合金。近年来，以 K 类硬质合金为基底，在上面铺设一层厚约 0.5~1 mm 的 PCD 细粉，经高温高压可压制成 PCD 复合片。这种复合片造价较低，在刀具与其他工具中已得到了广泛的应用。

3. 立方氮化硼（CBN）

它是由六方氮化硼（HBN）经高温高压处理转化而成。以 HBN 为原料，加催化剂，在高温（1300~1900℃）、高压（5~10 GPa）下制成 CBN 单晶细粉；再用 CBN 单晶细粉，加黏结剂，在高温（1800~2000℃）、高压（8 GPa）下，即可制得 CBN 聚晶刀片。其硬度仅次于金刚石，达 HV7000~8000，耐磨性也很好，耐热性比金刚石高得多，达 1200℃，可承受很高的切削温度。在 1200~1300℃ 的高温下也不与铁金属起化学反应，因此，可以加工钢铁。CBN 可做成整体刀片，也可与硬质合金做成复合刀片。CBN 刀具的耐用度是硬质合金刀具和陶瓷刀具的几十倍。目前 CBN 主要用于淬火钢、耐磨铸铁、高温合金等难加工材料的半精加工和精加工。

三、刀具切削过程

切削过程是刀具从工件的表面上切下多余的材料层，形成切屑和已加工表面的过程。

这一过程很复杂，会出现一系列的物理现象，如切削力、切削热、刀具磨损、表面变形强化和残余应力等。另外，积屑瘤、振动等也都与切削过程有关。上述一些现象将直接或间接地影响加工质量和生产效率。

切削加工时，工件上的一部分金属受到刀具的挤压而产生弹性变形和塑性变形。切削塑性金属时，当工件受到刀具挤压后，切削层金属在 OA 线以左只有弹性变形。越靠近 OA，弹性变形越大，在 OA 面上应力达到材料的屈服点 σ_s，晶粒内部原子沿滑移平面发生滑移，使晶粒由圆颗粒逐渐呈椭圆形。刀具继续移动，产生滑移变形的金属逐渐向前刀面靠拢，应力和变形也逐渐增大。当到达终滑移线 OE 时，被切削材料的流动方向与前刀面平行。由此可见，切削层的金属经 OA 到 OE 的塑性变形区脱离工件母体后，沿前刀面流出而形成切屑，完成切离。OE 与切削速度方向之间的夹角 φ 角称为滑移角，也叫剪切角。由此可见，金属切削过程的实质是一个挤压变形切离过程，塑性金属切削经历了弹性变形、塑性变形、剪切滑移和切离四个阶段。

切削塑性金属时有三个变形区。Ⅰ区域为第一变形区，又称基本变形区。该区域是被切削层金属产生剪切滑移和大量塑性变形的区域，切削过程中的切削力、切削热主要来自这个区域，机床提供的大部分能量也主要消耗在这个区域。Ⅱ区域为第二变形区，是刀具前刀面与切屑的挤压摩擦变形区。该区域的状况对积屑瘤的形成和前刀面磨损有直接影响。Ⅲ区域为第三变形区，是工件已加工表面与刀具后刀面间的挤压摩擦变形区。该区域的状况对工件表面的变形强化（也称加工硬化）、残余应力及刀具后刀面的磨损有很大影响。其中第一变形区的变形最大。

四、刀具切削过程中的物理现象

（一）总切削力

刀具在切削工件时，必须克服材料的变形抗力，克服刀具与工件，以及刀具与切屑之间的摩擦力，切下切屑，这些作用力就构成了总切削力。

总切削力来源于三个变形区，具体来源于两个方面：一是用于使工件上被切削金属产生弹性变形和塑性变形；二是用于克服切屑与前刀面间的摩擦力，以及后刀面与工件间的摩擦力。

切削力使工艺系统（机床—夹具—刀具—工件）变形，影响加工精度。它还直接影响切削热的多少，并进而影响刀具磨损及寿命和已加工表面质量。切削力是设计机床、刀具、夹具的重要依据。

实际加工中，总切削力的方向和大小都不易直接测定，也没有直接测定它的必要。为了适应设计和工艺分析的需要，一般不是直接研究总切削力，而是研究它在一定方向上的分力。总切削力 F 可分解成切削力 F_c、进给力 F_f、背向力 F_p 三个相互垂直的分力，总切削力 F 与三个切削分力的关系为 $F = \sqrt{F_c^2 + F_f^2 + F_p^2}$。

①切削力 F_c。它是总切削力在主运动方向上的正投影。其数值大小一般在三个分力中最大，消耗动力也是最多的，占机床总功率的 95%～99%。

②进给力 F_f。它是总切削力在进给运动方向上的正投影。它一般只消耗总功率的 5%～1%。

③背向力 F_p。它是总切削力在垂直于工作平面上的分力。因为这个方向上运动速度为零，所以不做功。但它一般作用在工件刚度较弱的方向上，容易使工件变形，引起振动，影响加工精度。

（二）切削热

在切削过程中使金属变形和克服摩擦力所消耗的功，绝大部分都转变成热能，称为切削热。

切削热来源于Ⅰ、Ⅱ、Ⅲ三个变形区：第Ⅰ变形区，由于切削层金属发生弹性变形和塑性变形而产生大量的热；第Ⅱ变形区，由于切屑与前刀面摩擦而生热；第Ⅲ变形区，由于工件与后刀面摩擦而生热。切削塑性金属时，切削热主要来自Ⅰ、Ⅱ变形区；切削脆性金属时，切削热主要来自Ⅰ、Ⅲ变形区。

切削热对加工有很大的不利影响，刀头上的温度最高点可达 1000℃ 以上，导致刀具材料的金相组织发生变化，使刀具硬度降低，严重时甚至使刀具丧失切削性能而加速刀具磨损。传入工件的热量，可能使工件变形，从而产生形状和尺寸误差，影响加工精度和表面质量。

切削热产生后，经切屑、刀具、工件和周围介质向外传散不同的加工方式，切削热传散的比例也不相同，如表 1-2 所示。传入切屑和介质中的热量越多，对加工越有利。

表 1-2　不同加工方式切削热传散比例　　　　　（%）

加工方法	切屑	工件	刀具或磨具	介质
车、铣、刨、镗、拉削	50～80	10～40	3～9	1
钻削	28	14	53	5
磨削	4	60～80	12	

（三）积屑瘤

当以中等切削速度切削塑性较好的金属时，切削温度在 300℃ 左右，刀尖附近的"滞留层"金属与切屑分离，被"冷焊"在前刀面上，形成"瘤"状硬金属块，称为积屑瘤。例如，切削钢、球墨铸铁、铝合金等塑性金属时，在切削速度不高，而又能形成带状切屑的情况下，常常有一些金属冷焊（黏结）沉积在前刀面上，形成硬度很高的楔块，它能代替前刀面和切削刃进行切削，这个小硬块就是积屑瘤。

1. 积屑瘤的形成及对切削加工的影响

当被切下的切屑沿前刀面流出时，在一定的温度和压力作用下，切屑底层受到很大的摩擦阻力，使该底层金属的流动速度降低而形成"滞流层"。当滞流层金属与前刀面之间的摩擦力超过切屑内部的结合力时，就有一部分金属黏结在刀刃附近而形成积屑瘤。在积屑瘤形成过程中，积屑瘤不断长高，长到一定的高度后因不能承受切削力而破坏脱落，因此，积屑瘤的形成是一个时生时灭、周而复始的动态过程。

积屑瘤对切削加工的影响既有利也有弊。有利的一面是：积屑瘤附在刀尖上，代替刀刃切削，对刀刃有一定的保护作用；积屑瘤使实际工作前角加大，切削变得轻快。不利的一面是：积屑瘤的尖端伸出刀尖之外，就会不断地脱落和重新产生，形成积屑瘤时生时灭现象，使背吃刀量 a_p 不断变化，会在已加工表面留下不均匀的沟痕，并有一些附着在已加工工件表面上，影响加工尺寸和表面粗糙度 Ra 值。因此，粗加工可利用积屑瘤保护刀尖；精加工必须避免积屑瘤，以保证加工质量。

2. 影响积屑瘤的因素及控制方法

工件材质和切削速度是产生积屑瘤的最主要因素。

工件材质对积屑瘤的影响，主要是通过被切削材料的塑性和硬度起作用的。对塑性较大、硬度低的材料，切削加工时，容易产生积屑瘤；而切削塑性较小、硬度高的材料，则不易产生积屑瘤，或所产生积屑瘤的高度相对较小；切削脆性材料时所形成的崩碎切屑不与前刀面产生剧烈摩擦，因此一般不产生积屑瘤。

切削速度对积屑瘤的影响，主要是通过切削温度和摩擦系数起作用的。切削速度很低（ v_c <5 m/min）时，切屑流动较慢，切削温度很低，切屑与前刀面的摩擦系数很小，不会产生黏结现象，不会产生积屑瘤。当切削速度提高（ v_c = 5~60 m/min）时，切屑流动加快，切削温度较高，切屑与前刀面的摩擦系数较大，与前刀面容易黏结产生积屑瘤。切削结构钢时， v_c = 20 m/min，切削温度在 300~350℃，摩擦系数最大，积屑瘤也最大。当切削速度很高（ v_c >100 m/min）时，由于切削温度很高，使切屑底层金属呈微熔状态，摩擦系数明显减小，也不会产生积屑瘤。

为了避免产生积屑瘤，一般精车、精铣采用高的切削速度（ v_c >60 m/min，尤其是 v_c >100 m/min），而拉削、铰孔和宽刃精刨则采用低的切削速度（ v_c <5 m/min）。增大前角以减小切屑变形，用油石仔细研磨前刀面以减小摩擦，以及选用合适的切削液以降低切削

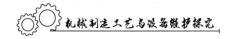

温度和减小摩擦，都是防止产生积屑瘤的重要措施。

（四）表面变形强化及残余应力

1. 表面变形强化

切削塑性金属时，工件已加工表面层硬度明显提高而塑性下降的现象称为表面变形强化。

表面变形强化可提高零件的耐磨性和疲劳强度，但变形强化也会加剧刀具磨损，给某些后续工序（如刮削）带来不便。在切削加工时，可通过控制零件表层金属塑性变形的大小，适当控制表面变形强化。

2. 残余应力

残余应力是指外力消失后，残存在物体内部而总体又保持平衡的内应力。在切削加工过程中，由于金属的塑性变形以及切削力、切削热等因素的综合作用，在已加工表面层的一定深度内，常有一定的残余应力。表面残余应力往往与表面变形强化同时出现，它会影响零件尺寸精度、表面质量和使用性能。残余应力有残余拉应力和残余压应力之别，残余拉应力易使已加工表面产生微裂纹，降低零件的疲劳强度；而残余压应力有时却能提高零件的疲劳强度，提高耐腐蚀性能。工件各部分的残余应力如果分布不均匀，会使工件发生变形，影响形状和尺寸精度。凡能减小金属塑性变形和降低切削力、切削温度的措施，均可使已加工表面表层残余应力减小。

第三节　机械加工质量

一、加工精度

（一）加工精度

加工精度指的是零件在加工以后的实际几何参数（尺寸、形状和表面间的相互位置）与理想几何参数的符合程度。加工后零件的实际几何参数与理想几何参数之间的偏差程度即为加工误差。加工精度的高低由加工误差的大小来表示。从保证产品的使用性能来分析，允许存在一定的加工误差。从加工角度分析，加工后实际几何参数与理想几何参数也不可能完全符合，允许存在一定的加工误差。控制零件加工后的加工误差处于零件图规定的偏差范围内，零件即为合格品。

加工精度包括尺寸精度、形状精度和位置精度。

1. 尺寸精度

尺寸精度指的是零件的直径、长度、表面间距离等尺寸的实际数值与理想数值的接近程度。尺寸精度的高低，用尺寸公差表示。国家标准 GB/T 1800.2-1998 规定，标准公差分 20 级，即 IT01、IT0、IT1 ~ IT18。IT 表示标准公差，后面的数值越大，精度越低。IT0 ~ IT13 用于配合尺寸，其余用于非配合尺寸。

2. 形状精度

形状精度是零件表面与理想表面之间在形状上接近的程度。评定形状精度的项目有直线度、平面度、圆度、圆柱度、线轮廓度和面轮廓度 6 项。形状精度是用形状公差来控制的，各项形状公差，除圆度、圆柱度分 13 个精度等级外，其余均分为 12 个精度等级。1 级最高，12 级最低。

3. 位置精度

位置精度是表面、轴线或对称平面之间的实际位置与理想位置的接近程度。评定位置精度的项目包括定向精度和定位精度，前者指平行度、垂直度与倾斜度，后者指同轴度、对称度和位置度。各项目的位置公差亦分为 12 个精度等级。

此外，还可以采用包括圆跳动、全跳动和端面跳动的跳动公差控制，这是包含了位置精度、形状精度和尺寸精度的一种综合性的加工精度控制。

（二）影响加工精度的主要因素

切削加工中，影响加工精度的主要因素如下：

1. 加工原理误差

加工原理误差是由于采用了近似的加工运动或者近似的刀具轮廓而造成的误差。从加工运动方面讲，理论上应该采用完全合乎理想的、完全准确的加工运动来获得完全准确的成形表面，但从刀具轮廓来讲，这样导致机床结构复杂、难以制造或是机床制造成本过高。

机械加工中，采用近似的成形运动或近似的刀刃形状进行加工，虽然会由此产生一定的原理误差，但却可以简化机床结构和减少刀具数。只要加工误差能够控制在允许的制造公差范围内，就可采用近似加工方法。

2. 机床、刀具及夹具误差

机床、刀具及夹具误差包括制造和磨损两方面。工件的加工精度在很大程度上取决于机床的精度。机床制造误差中对工件加工精度影响较大的误差有主轴回转误差、导轨误差和传动误差。例如，卧式车床的纵向导轨在水平面内的直线度误差，直接产生工件直径尺寸误差和圆柱度误差。再如，在车床上精车长轴和深孔时，随着车刀逐渐磨损，工件表面出现锥度而产生其直径尺寸误差和圆柱度误差。

3. 工件装夹误差

工件装夹误差包括定位误差和夹紧误差两方面，它们对加工精度有一定影响。工件或夹具刚度过低或夹紧力作用方向、作用点选择不当，都会使工件或夹具产生变形，造成加工误差。例如，用三爪自定心卡盘装夹薄壁套筒锥孔时，夹紧前薄壁套筒的内外圆是圆的，夹紧后工件呈三棱圆形；镗孔后，内孔呈圆形；但松夹后，外圆弹性恢复为圆形，所加工孔变成三棱圆形，使镗孔孔径产生加工误差。为减少由此引起的加工误差，可在薄壁套筒外面套上一个开口薄壁过渡环，使夹紧力沿工件圆周均匀分布。

4. 工艺系统变形误差

工艺系统变形误差包括弹性变形误差和热变形误差两方面。

工艺系统在加工过程中由于切削力、夹紧力、传动力、重力、惯性力等外力作用会产生变形而破坏已调整好的刀具和工件间的相对位置，此变形和位置变化造成它们相互间位移。因此，加工刚度较差的细长轴工件时，常采用中心架或跟刀架等辅助支承，以减小工件受力变形。

切削加工中，由于摩擦热、传动热和外界热源传入的热量，使得机床自身温度升高。以卧式车床为例，由于车床内部热源分布的不均匀和其结构的复杂性，其各部件的温升是各不相同的。车床零部件间会产生不均匀的变形，这就破坏了车床各部件原有的相互位置关系。车床部件中受热最多且变形最大的是主轴箱，车床主轴箱的温升将使主轴升高，由于主轴前轴承的发热量大于后轴承的发热量，故主轴前端比后端高，主轴箱的热量传给床身，还会使床身和导轨向上凸起。

5. 工件内应力

内应力亦称残余应力，是指在没有外力作用下或去除外力作用后残留在工件内部的应力。工件一旦有内应力产生，就会使工件材料处于一种高能位的不稳定状态，它本能地要向低能位转化。转化速度或快或慢，其速度取决于外界条件。工件内应力总是拉应力与压应力并存，而总体处于平衡状态。当外界条件发生变化，如温度改变或从表面再切去一层金属后，内应力的平衡即遭到破坏，内应力就将重新分布以达到新的平衡，并伴随有变形发生，使工件产生加工误差。这种变形有时需要较长时间，从而影响零件加工精度的稳定性。因此，常采用粗、精加工分开，或粗、精加工分开且在其间安排时效处理，以减少或消除内应力。

6. 调整误差

在机械加工过程中，存在着许多工艺系统调整的问题，例如，调整夹具在机床上的位置，调整刀具相对于工件的位置。由于调整不可能绝对准确，由此产生的误差，称为调整误差。引起调整误差的因素很多，例如调整时所用刻度盘、样板或样件等的制造误差及磨损，测量用的仪表、量具本身的制造误差及使用过程中的磨损等。

7. 测量误差

测量误差是工件的测量尺寸与实际尺寸的差值。加工一般精度的零件时，测量误差可占工序尺寸公差的 1/10~1/5；加工精密零件时，测量误差可占工序尺寸公差的 1/3 左右。

产生测量误差的主要原因有量具量仪本身的制造误差及磨损、测量过程中环境温度的影响、测量者的测量读数误差、测量者施力不当引起量具量仪的变形等。在测量条件中，以温度和测量力的影响最为显著。测量误差一般应控制在工件公差的 1/10~1/6。

二、表面质量

零件的机械加工表面质量是零件加工质量的另一重要方面，对机器零件的使用性能，如耐磨性、接触刚度、疲劳强度、配合性质、抗腐蚀性能及精度的稳定性等有很大影响。机器零件的破坏，一般都是从表面层开始，产品的工作性能很大程度上取决于零件的表面质量。

（一）表面质量

表面质量是指零件在加工后表面层的状况，包含两方面的内容：表面几何形状特征和表面的物理机械性能，通常包括表面粗糙度、表面变形强化、残余应力、表面裂纹和金相显微组织变化等。对于重要零件，除规定表面粗糙度 Ra 值外，还对表面层加工硬化的程度和深度，以及残留应力的大小和性质（拉应力还是压应力）提出要求。而对于一般的零件，则主要规定其表面粗糙度的数值范围。

1. 表面几何形状特征

无论用何种加工方法加工，零件表面总会留下微细的凸凹不平的刀痕，出现交错起伏的峰谷现象，从而偏离理想的光滑表面而形成微小的几何形状误差，根据加工表面特征，有如下分类。

①表面粗糙度。这种已加工表面具有较小间距和微小峰谷的不平度，表面微观不平的波长 L 与波高 H 的比值小于 50。表面粗糙度常用轮廓算术平均偏差 Ra 之值来表示，Ra 值越小，表面越光滑，反之，表面就越粗糙。为了保证零件的使用性能，要限制表面粗糙度

的范围，国标 GB/T 1301-1995 规定了表面粗糙度的评定参数及其数值。

②表面波度。表面微观不平的波长 L 与波高 H 的比值在 $50 \sim 1000$ 之间的周期性形状误差。一般由加工中的低频振动引起。

③表面伤痕。加工表面个别位置出现的缺陷，如砂眼、气孔、裂痕等。

2. 表面的物理机械性能

①表面变形强化和残余应力及表面裂纹。在切削加工过程中，由于前刀面的推挤以及后刀面的挤压与摩擦，工件已加工表面层的晶粒发生很大的变形，致使其硬度比原来工件材料的硬度有显著提高，产生表面变形强化的现象。已加工表面的变形强化，常常伴随着表面裂纹，因而降低了零件的疲劳强度和耐磨性。

由于切削时力和热的作用，在已加工的表面一定深度的表层金属里，常常存在着残余应力和裂纹，影响零件表面质量和使用性能。若各部分的残余应力分布不均匀，还会使零件发生变形，影响工件的尺寸、形状和位置精度。

②金相显微组织变化。加工表面温度超过相变温度时，表层金属的金相组织将会发生相变。切削加工时，切削热大部分被切屑带走，因此影响较小。多数情况下，表层金属的金相组织没有质的变化。磨削加工时，切除单位体积材料所需消耗的能量远大于切削加工，所消耗的能量绝大部分要转化为热，磨削热传给工件，使加工表面层金属金相组织发生变化。

（二）影响表面质量的主要因素

切削加工中影响加工表面质量的因素很多，主要受到刀具形状、材料性能、切削用量、切屑流动、温度分布和刀具磨损等影响。

1. 切削残留面积高度对表面粗糙度的影响

切削加工的表面粗糙度值主要取决于切削残留面积的高度。理论残留面积的高度 H 是由于刀具相对于工件表面的运动轨迹所形成，可以根据刀具的主偏角 K_r、副偏角 K'_r 进行计算。减小进给量 f、主偏角 K_r、副偏角 K'_r 均可减小残留面积的高度 H 值，从而减小表面粗糙度 Ra 之值。

2. 材料性能对表面粗糙度的影响

加工塑性材料时，切削速度 v_c 对加工表面粗糙度的影响：由前文关于积屑瘤形成机理和条件可知，在某一切削速度范围内，容易形成积屑瘤，使表面粗糙度增大。加工脆性材料时，由于不易形成积屑瘤，切削速度对表面粗糙度的影响不大。

加工相同材料的工件，晶粒越粗大，切削加工后的表面粗糙度值越大。为减小切削加工后的表面粗糙度值，常在加工前或精加工前对工件进行正火、调质等热处理，以获得均匀细密的晶粒组织，并适当提高材料的硬度。

3. 切削用量对表面粗糙度的影响

合理选择切削用量，对保证加工质量、提高生产率和保持适当的刀具耐用度等都具有重要的意义。

切削速度 v_c 高，切削过程中的切屑和加工表面的塑性变形小。塑性变形程度的减小，加工表面的粗糙度值也小。在较低的切削速度（10 m/min）时，有可能产生积屑瘤和鳞刺，它不仅与切削速度有关，而且与工件材料、金相组织、冷却润滑及刀具状况等有直接关系。

减小进给量 f 可减小粗糙度，另外减小进给量 f 还可以减小塑性变形，也可降低粗糙度。但当 f 过小，则增加刀具与工件表面的挤压次数，使塑性变形增大，反而增大了粗糙度，同时还会延长加工时间，降低生产率。

正常切削时切削深度 a_p 对表面粗糙度影响不大，但在精密加工中却对粗糙度有影响。过小的 a_p 使刀刃圆弧对工件加工表面产生强烈的挤压和摩擦，引起工件的塑性变形，增大粗糙度。

4. 工艺系统振动对表面粗糙度的影响

工艺系统振动使刀具对工件产生周期性的位移，在加工表面上形成类似波纹的痕迹，使表面粗糙度 Ra 值增大。因此，在切削加工中，应尽量避免振动。

5. 残余应力对加工表面质量的影响

机械加工中，零件金属表面层发生形状变化或组织改变时，在表层与基体交界处的晶粒间或原始晶胞内就产生相互平衡的弹性应力，这种应力属于微观应力，即残余应力。各种机械加工方法所得到的表面层都会有或大或小的残余应力。残余拉应力容易使已加工表面发生裂纹，降低零件的疲劳强度；而残余压应力有时却能提高零件的疲劳强度；工件各部分如果残余应力分布不均匀，会使工件发生变形，影响工件的宏观几何形状精度。

第四节　机床夹具及工件的装夹

一、机床夹具

（一）概述

机床夹具就是机床上用以装夹工件（和引导刀具）的一种机床附加装置。其作用是将工件定位，以使工件获得相对机床或刀具的正确位置，并把工件可靠而迅速地夹紧。

（二）机床夹具的作用

1. 保证加工精度

用机床夹具装夹工件，能准确确定工件与刀具、机床之间的相对位置关系，可以保证加工表面的尺寸与位置精度；能够消除受操作者技术的影响，导致同批生产的零件质量不稳定的现象。

2. 提高生产效率

机床夹具能快速地将工件定位和夹紧，有效减少辅助时间，从而提高工作效率。

3. 减轻劳动强度

机床夹具采用机械、气动、液压夹紧装置，可以减轻工人的劳动强度。

4. 扩大机床的工艺范围

利用机床夹具，能扩大机床的工艺范围，实现"一机多用"。例如，在车床或钻床上使用镗模可以代替镗床镗孔，使车床、钻床具有镗床的功能；在刨床上加装夹具后可进行插削、齿轮加工；在车床上加装夹具后可代替拉床进行拉削加工。

（三）机床夹具的分类

1. 按夹具的应用范围分类

①通用夹具。它是指结构已经标准化，且有较大适用范围的夹具。例如，通用三爪自定心卡盘或四爪单动卡盘、机器虎钳、万能分度头、磁力工作台等，适用于单件小批量生产。

②专用夹具。它是针对某一工件的某道工序专门设计制造的夹具，一般不能用于其他零件或同一零件的其他工序。专用夹具适用于定型产品的成批大量生产。

③组合夹具。它是用一套预先制造好的标准元件和合件组装而成的夹具。具有设计和组装迅速、周期短、能反复使用等优点，其缺点是体积较大，刚性较差，购置元件和合件一次性投资大。这种夹具用完之后可以拆卸存放，或重新组装成新的夹具。因此，适于在多品种单件小批量生产或新产品试制等场合应用。

④通用可调夹具和成组夹具。它们的结构比较相似，都是按照经过适当调整可多次使用的原理设计的。通用可调夹具与成组夹具都是把加工工艺相似、形状相似、尺寸相近的工件进行分类或分组，然后按同类或同组的工件统筹考虑设计夹具，其结构上应有可供更换或调整的元件，以适应同类或同组内的不同工件。这两类夹具适用于多品种、小批量

生产。

两种夹具的共同特点是：在加工完一种工件后，只需对夹具进行适当调整或更换个别元件，即可用于加工形状和尺寸相近或加工工艺相似的多种工件。它们的不同之处在于：前者的加工对象并不明确，适用范围较广；后者是专为某一零件组的成组加工而设计，其加工对象明确，针对性强，结构更加紧凑。

最典型的通用可调夹具有滑柱钻模及带有各种钳口的机器虎钳等。

⑤随行夹具。它是一种始终随工件一起沿着自动线移动的夹具。在工件进入自动线加工之前，先将工件装在夹具中，然后夹具连同被加工工件一起沿着自动线依次从一个工位移到下一个工位，直到工件在退出自动线加工时才将工件从夹具中卸下。

2. 按使用机床类型分类

机床类型不同，夹具结构各异，由此可将夹具分为车床夹具、铣床夹具、钻床夹具、磨床夹具和组合机床夹具等类型。

3. 按夹具动力源分类

按夹具所用夹紧动力源，可将夹具分为手动夹紧夹具、气动夹紧夹具、液压夹紧夹具、气液联动夹紧夹具、电磁夹具、真空夹具等。

（四）专用机床夹具的组成

专用夹具一般由下列元件或装置组成：

①定位元件。它是用来确定工件正确位置的元件。被加工工件的定位基面与夹具定位元件直接接触或相配合。

②夹紧装置。它是使工件在外力作用下仍能保持其正确定位位置的装置。

③对刀元件、导向元件。它是指夹具中用于确定（或引导）刀具相对于夹具定位元件具有正确位置关系的元件，例如钻套、镗套、对刀块等。

④连接元件。它是指用于确定夹具在机床上具有正确位置并与之连接的元件。例如，安装在铣床夹具底面上的定位键等。

⑤其他元件及装置。根据加工要求，有些夹具尚须设置分度转位装置、靠模装置、工件抬起装置和辅助支承等装置。

⑥夹具体。它是用于连接夹具元件和有关装置，使之成为一个整体的基础件，夹具通过夹具体与机床连接，夹具体是夹具的基座和骨架。

定位元件、夹紧装置和夹具体是夹具的基本组成部分，其他部分可根据需要设置。

二、工件的定位

（一）六点定位原理

工件在空间可能具有的运动称为工件的自由度。在空间直角坐标系中，不受任何限制的工件具有六个独立的自由度，即沿三个互相垂直坐标轴的移动和绕这三个坐标轴的转动的可能性。因此，要使工件在空间具有确定的位置（即定位），就必须对这六个自由度加以约束。

从理论上讲，工件的六个自由度可用六个支承点加以限制，前提是这六个支承点在空间按一定规律分布，并保持与工件的定位基面相接触（既不能离开，也不能进入工件里面）。

（二）完全定位与不完全定位

完全定位：工件的六个自由度完全被限制的定位。

不完全定位：按加工要求，允许有一个或几个自由度不被限制的定位。

（三）欠定位与过定位

欠定位：按工序的加工要求，对工件应该限制的自由度未进行限制的定位方案。在确定工件定位方案时，欠定位是绝不允许的。

过定位：工件的一个自由度被两个或两个以上的支承点重复限制的定位，亦称为重复定位。

过定位一般是不允许的，因为为了满足不同定位基准与定位元件间的定位约束要求，有可能造成工件与夹具之间的干涉。但如果工件的加工精度比较高而不会产生干涉时，过定位也是允许的。通常情况下，应尽量避免出现过定位。

（四）常见的定位方式及定位元件

工件以夹具装夹方式进行加工时，其定位是通过工件上的定位基准面与夹具中的定位元件的工作表面接触或配合而实现的。其中有长销、长V形块、长孔（套）限制四个自由度，短销、短孔（套）、短V形块限制两个自由度，长锥限制五个自由度，短锥限制三个自由度的差别。定位元件的长短是"相对的"，主要看定位元件的尺寸与工件定位基准的尺寸之比。

第二章 毛坯加工工艺

第一节 铸造加工

一、概述

（一）铸造的特点、方法及应用

将熔化的金属浇注到铸型的空腔中，待其冷却凝固后，得到一定形状和性能的毛坯或零件的加工方法称为铸造。由铸造得到的毛坯或零件称为铸件。铸件一般作为零件的毛坯，要经过切削加工后才能成为零件，但若采用精密铸造方法或对零件的精度要求不高时，铸件也可不经切削加工而使用。

铸造与其他金属加工方法相比，具有以下一些特点：

①可铸造出形状比较复杂的铸件，铸件的尺寸和重量几乎不受限制；

②铸造所用的原材料价格低廉，铸件的成本较低；

③铸件的形状和尺寸与零件很接近，所以节省了金属材料及加工工时。

铸造也存在一定的缺点，具体如下：

①铸件的力学性能较低，又受到最小壁厚的限制，所以铸件较笨重，从而增加了机器的重量；

②铸造的工序多，铸件质量不稳定，废品率较高。

铸造生产的方法很多，主要分为砂型铸造和特种铸造两类。砂型铸造是用砂型紧实成型的铸造方法。除砂型铸造外，其他的铸造方法称为特种铸造，如金属型铸造、压力铸造、离心铸造和熔模铸造等。砂型铸造具有较大的灵活性，对不同的生产规模、不同的铸造合金都能适用，因此应用最为广泛。

（二）砂型铸造的工艺过程、砂型的组成、模样及芯盒

1. 砂型铸造的工艺过程

砂型铸造的主要工序为制造模样和芯盒、制备型砂及芯砂、造型、造芯、合型、熔化金属及浇注、铸件凝固后开型落砂、表面清理和质量检验。大型铸件的铸型及型芯，在合型前还须烘干。

2. 砂型组成

型砂被舂紧在上、下砂箱之中，连同砂箱一起称作上砂型和下砂型。砂型中取出模样后留下的空腔称为型腔。上下砂型间的结合面称为分型面。使用芯的目的是为了获得铸件的内孔，芯的外伸部分称为芯头，用以定位和支撑芯子。铸型中专为放置芯头的空腔称为芯座。

金属液从外浇口浇入，经直浇道、横浇道和内浇道而流入型腔。型砂及型腔中的气体由通气孔排出，而被高温金属液包围后芯中产生的气体则由芯通气孔排出。

3. 模样和芯盒

模样和芯盒是造型和造芯用的模具。模样用来造型，以形成铸件的外形，芯盒用来造芯，以形成铸件的内腔。小批量生产时，模样和芯盒常用木材制造，大批量生产时常用铝合金或塑料制造。

在制造模样和芯盒之前，要以零件图为依据，考虑铸造工艺特点，绘制铸造工艺图。在绘制铸造工艺图时，要考虑如下几个问题：

（1）分型面

分型面的选择必须使造型、起模方便，同时应保证铸件质量。分型面的位置在铸造工艺图上用线条标出，并加箭头以表示上型和下型。

（2）加工余量

铸件上有些部位须进行加工，切削加工时从铸件上切去的金属层厚度称为加工余量。因此，铸件上凡须切削加工的表面，制造模样时，都要相应地留出加工余量。加工余量的大小根据铸件的尺寸、铸造合金种类、生产量、加工面在浇注时的位置等来确定。一般小型铸铁件的加工余量为 3~5 mm。此外，铸件上直径小于 25 mm 的孔，一般不予铸出，应待切削加工时用钻孔方法钻出。

（3）起模斜度

为便于起模或从芯盒中取出砂芯，模样垂直于分型面的壁应该有向着分型面逐渐增大的斜度，该斜度称为起模斜度。木模的起模斜度为 1~3°。

（4）铸造圆角

铸件上各相交壁的交角，在制作模样时应做成圆角过渡，以改善铸件质量，这可以防止应力集中和起模时损坏砂型。

（5）芯头和芯座

为便于安放和固定芯子，在模样和芯盒上应分别做出芯座和芯头。芯座应比芯头稍大，两者之差即下芯时所需要的间隙。对于一般中小芯，此间隙为 0.25~1.5 mm。

（6）收缩余量

液态金属在砂型里凝固时要收缩，为了补偿铸件收缩，模样尺寸比铸件图样尺寸增大的数值，称为收缩余量。收缩余量主要根据合金的线收缩率来确定。各种合金的线收缩率是：灰铸铁约为 1%，铸钢约为 2%，铜、铝合金约为 1.5%。例如，有一灰铸铁的长度为 100 mm，线收缩率为 1%，则收缩余量为 1 mm，模样长度为 101 mm。制造模样时，应采用已考虑了收缩率的缩尺来进行度量，以简化制模时尺寸的折算。缩尺是按照合金的线收缩率放大而做成的，如收缩率为 1% 的缩尺上的 1 mm 代表实际尺寸 1.01 mm。常用的尺寸有 1%、1.5% 和 2%。

二、型砂和芯砂

砂型和芯是用型砂和芯砂制造的。型（芯）砂是由砂、黏结剂、水和附加物按一定比例混合制成的。黏结剂种类很多，有黏土、水玻璃、桐油、合脂等，应用最广的是价廉而丰富的黏土。用黏土作为黏结剂的型（芯）砂称为黏土砂，用其他黏结剂的型（芯）砂则分别称为水玻璃砂、油砂、合脂砂等。

（一）型（芯）砂的组成

1. 砂

原砂（即新砂）的主要成分是石英（SiO_2）。铸造用砂，要求原砂中二氧化硅含量为 85%~97%。砂的颗粒以圆形、大小均匀为佳。

为了降低成本，对于已用过的旧砂，经过适当处理后，还可以掺在型砂中使用。对一般手工生产的小型铸造车间，则往往只将旧砂过筛一下以去除砂团、铁块、木片等杂物。

2. 黏结剂

能使砂粒相互黏结的物质称为黏结剂，常用的黏结剂是黏土。黏土主要分为普通黏土和膨润土两类。湿型（造型后砂型烘干）型砂普遍采用黏结性较好的膨润土，而干型（造型后将砂型不烘干）型砂多用普通黏土。

3. 附加物

为了改善型（芯）砂性能而加入的物质称为附加物。常用的附加物有煤粉、木屑等。加入煤粉能防止铸件黏砂，使铸件表面光洁；加入木屑可以改善铸型和芯的透气性。

4. 水

通过水使黏土和原砂混成一体，并具有一定的强度和透气性。水分过多，易使型砂湿度过大，强度低，造型时易黏模，使造型操作困难；水分过少，型砂则干而脆，造型、起模困难。因此，水分要适当，当黏土和水的质量比为 3：1 时，强度可达最大值。此外，为防止铸件表面黏砂并使铸件表面光滑，常在铸型型腔表面覆盖一层耐火材料，称为扑料。通常在铸铁件的湿型表面扑撒一层石墨粉或滑石粉，而在铸钢件的湿型表面扑撒石英粉。对于干型和芯的表面，则可以刷一层涂料，而铸铁件可用石墨粉加黏土水剂，铸钢件则常用石英粉和黏土水剂。

（二）型（芯）砂应具备的主要功能

1. 透气性

透气性是指紧实砂样的空隙度。若透气性不好，易在铸件内部形成气孔缺陷。型（芯）砂的颗粒应粗大、均匀且为圆形，黏土含量要少，型（芯）砂春得不要过紧，这些均可使透气性提高。含水量过少时，砂粒表面黏土膜不光滑，透气性不高，而含水量过多，空隙被堵塞，又会使透气性降低。

2. 流动性

流动性是指型（芯）砂在外力或本身重力的作用下，沿模样表面和砂粒间的相对移动的能力。流动性不好的型（芯）砂不能造出轮廓清晰的铸件。

3. 强度

型（芯）砂抵抗力破坏的能力称为强度。型（芯）砂强度过低，易造成塌箱、冲砂和砂眼等缺陷；而强度过高，则易使型（芯）砂透气性变差。型（芯）砂的强度随黏土的含量和砂型紧实度的增加而增加。砂的颗粒越细，强度越高。含水量过多或过少均可使型（芯）砂的强度降低。

4. 韧性

韧性是指型（芯）砂吸收塑性变形能量的能力。韧性差的型（芯）砂在造型（芯）起模（脱芯）时，易损坏。韧性不好的型（芯）砂，在铸件凝固和成型后的收缩过程中，将产生收缩应力，可能导致铸件产生裂纹。

5. 溃散性

型（芯）砂在浇注后易溃散的性能称为溃散性。溃散性对清砂率和劳动强度有显著影响。

6. 耐火性

耐火性是指型（芯）砂抵抗高温热作用的能力。耐火性差，铸件易产生黏砂现象，使铸件清理和切削加工过于困难。砂中二氧化硅含量越多，砂的颗粒越大，耐火性越好。

型（芯）砂除了应具备上述主要性能外，还有一些其他性能要求，如耐用性、发气性、吸湿性等。

（三）型砂和芯砂的制备

1. 型（芯）砂组成物配制

型（芯）砂组成物须按一定的比例配制，以保证一定的性能。型（芯）砂有多种配比方案，现举两例供参考。

小型铸铁件湿型型砂的配比：新砂 10%～20%，旧砂 70%～80%，另加膨润土 2%～3%、煤粉 2%～3%、水 4%～5%。

铸铁中小件芯砂的配比：新砂 40%，旧砂 50%，另加黏土 5%～7%、纸浆 2%～3%、水 7.5%～8.5%。

在同一砂型内，与液态金属接触的面层型砂比背部型砂要求高，因此，型砂又有面砂和背砂（又称填充砂）之分。

2. 型（芯）砂的制备方法

型（芯）砂的性能不仅决定于其配比，还与配砂的工艺操作有关。混碾越均匀，型（芯）砂的性能越好。

型（芯）砂的混制工作是在混砂机中进行的，目前工厂常用的是碾轮式混砂机。混砂工艺：按比例将新砂、旧砂、黏土、煤粉等加入混砂机中，先干混 2～3 min，混拌均匀后再加水或液体黏剂（水玻璃、桐油等）湿混 10 min 左右，即可出砂。混制好的型砂应堆放 2～4h，使水分分布得更均匀，这一过程叫调匀。砂型在使用前还须经行松散处理，使砂块松开，空隙增加。

型（芯）砂的性能应用型砂性能试验仪检测。单件小批量生产时，可用手捏检验法检测，即当型砂湿度适当时可用手把型砂捏成团，手放后它也不松散，手上也不会黏砂，抛向空中则砂团应散开。

三、整模造型及造芯

造型和造芯是铸造生产中最主要的工序，对于保证铸件尺寸精度和提高铸件质量有着重要的影响。

造型方法可分为手工造型和机器造型两大类。手工造型主要用于单件或小批生产，机器造型主要用于大批或大量生产。

手工造型灵活多样，主要有整模造型、分模造型、挖砂造型、假箱造型、刮板造型等。本书介绍整模造型。

（一）整模造型

1. 砂箱及造型工具

砂箱常用铝合金或灰铸铁制成，它的作用是在造型、运输和浇注时支撑砂型，防止砂型变形或损坏。底板用于放置模样。舂砂锤用于舂砂，用尖头舂砂，用平头打紧砂型顶部的砂。手风箱（又称皮老虎）用于吹去模样上的分型砂及散落在型腔中的散砂。墁刀（砂刀）用于修平面及挖沟槽。秋叶（圆勺、压勺）用于修凹曲面。砂钩（提钩）用于修深而窄的底面或侧面，以及钩出砂型中的散砂。

2. 整模造型方法

整模造型的模样是一个整体，其特点是造型时模样全部放在一个砂箱（下箱）内，分型面为平面。

整模造型工艺过程，其表述如下：

①把模样放在地板上。

②放好下砂箱，撒上厚度约 20 mm 的面砂，再加填充砂。

③均匀捣实每层型砂，刮去多余型砂。

④翻转下砂箱，用墁刀修光分型面。

⑤套上上砂箱，撒分型砂。

⑥放浇口棒加填充砂，并舂紧，刮平多余砂，扎通气孔，拔出浇口棒，在直浇道上部挖出外浇口，划合型线。

⑦把上砂箱拿下。

⑧在下砂箱上挖出内浇道，用毛笔蘸水把模样边缘润湿。

⑨用起模针起出模样。

⑩修型，吹去多余砂粒、石墨粉。

⑪合型，紧固上、下砂型或上压铁。

⑫通过浇注，凝固冷却，待落砂后，得到带浇注系统的铸件。

整模造型操作简便，铸件不会由于上、下砂型错位而产生错型缺陷，其形状、尺寸较准。整模造型适用于最大截面靠一端且为平面的铸件，如压盖、齿轮环、轴承座等。

3. 浇注系统

为了填充型腔和冒口而开设于铸型中的一系列通道，称为浇注系统。

浇注系统的作用是保证金属液平稳、连续、均匀地流入型腔，避免冲坏铸型；防止熔渣、砂粒或其他杂质进入型腔；调节铸件的凝固程序或补给铸件在冷凝收缩时所需的液态金属。

浇注系统通常由四个部分组成，但并不是每个铸件都非要有这四个部分不可，如一些简单的小铸件，有时就只有直浇道与内浇道，而无横浇道。

外浇口（又称浇口杯）的作用是承受从浇包倒出来的金属液，减轻金属液对铸型的冲击和分离熔渣，因此，浇注时应随时保持充满状态，不得断流。对大、中型铸件常用盆型外浇口，对小型铸件常用漏斗形外浇口。

直浇道是浇注系统中的垂直通道，通常带有一定的锥度（上大下小），它可用来调节金属液流入铸型的速度，并产生一定的压力，直浇道越高，金属液流入型腔的速度越快，对型腔内金属液的压力就越大，越容易充满型腔的细薄部分。

横浇道是开设在直浇道下方、内浇道上方的水平通道，其截面形状多为梯形，它能进一步起挡渣作用，同时减缓金属液流动速度，使其平稳地通过内浇道进入型腔。为了更好地起到挡渣作用，浇注过程中横浇道应该始终被充满。

内浇道是浇注系统中引导液态金属进入型腔的部分，常设置在下箱的分型面上，其截面形状多为扁梯形或三角形。内浇道的作用是控制金属液流入型腔的速度和方向，调节铸件各个部分的冷却速度。为避免金属液直接冲击芯子或型腔，内浇道不能正对芯子或型壁。

4. 冒口与冷铁

对于大铸件或收缩率大的合金铸件，由于凝固时收缩大，如不采取措施，在最后凝固的地方（一般是铸件的厚壁部分）会形成缩孔和缩松。为使铸件在凝固的最后阶段能及时地得到金属液而增设的补缩部分称为冒口。冒口即在铸型内储存供补缩铸件用的熔融金属的空腔，也指该空腔中充填的金属。冒口的大小、形状应保证其在铸型中最后凝固，这样才能形成由铸件至冒口的凝固顺序。冒口有明冒口和暗冒口两种。明冒口的位置一般设在铸件的最高部位，其顶面敞露在铸型外面，它除了有补缩作用外还有排气和集渣作用。此外，通过它还可以观察到金属液是否充满了型腔。

暗冒口被埋在铸型中，由于其散热较慢，故补缩效果比明冒口好。一般情况下，铸钢件常用暗冒口。

为增加铸件局部冷却速度，在砂型、砂芯表面或型腔中安放金属物，称为冷铁。位于铸件下部的厚截面很难用冒口补缩，如果在这种厚截面处安放冷铁，由于冷铁处的金属液冷却速度较快，则可使厚截面处先凝固，从而实现了自下而上的顺序凝固。冷铁通常用钢或铸铁制成。

（二）造芯

1. 芯的用途及要求

芯的主要作用是形成铸件的内腔，也可形成铸件局部外形。芯在浇注过程中受到高温金属液流的冲击，浇注后大部分被金属液包围，因此，要求芯具有高的强度、耐火性、透气性和韧性，并便于清理。除应配制符合要求的芯砂外，在造芯过程中还应采取下列措施，以满足上述性能要求：

①在芯中放芯骨，可以提高强度并便于吊运及下芯。小芯子的芯骨用铁丝、铁钉制成，中、大芯子的芯骨用铸铁浇铸成骨架。

②在芯中开设通气孔，提高排气能力。通气孔应贯穿芯子内部，并从芯头引出。对形状简单的芯子，大多用通气针扎出通气孔；对形状复杂的芯子（如弯曲芯），可在芯中埋放蜡线，以便在烘干时蜡线熔化或燃烧后形成通气孔；在制作大芯子时，为了使气体易于排出和改善韧性，可在芯的内部填放焦炭，以减少砂层厚度，增加孔隙。

③在芯表面刷涂耐火材料，防止铸件黏砂。铸铁件用芯一般以石墨粉作为涂料。

④将芯烘干，提高芯的强度和透气性。烘干温度与造芯材料成分有关，黏土芯为250~350℃，油砂芯为180~240℃。

2. 制芯方法

在单件、小批量生产中，大多用手工造芯。在成批、大量生产中，广泛采用机器造芯。

手工造芯可用芯盒，也可用刮板。手工芯盒造芯方法，应用最普遍，其造芯过程如图2-1所示。为降低芯的制造成本，在制造形状简单、尺寸较大的芯时，有时可采用手工刮板造芯。造芯时，在底板上放置导向刮板，它可沿着导板移动，将多余的砂从预先紧实的芯坯上刮去，将两个制好的半芯经烘干后再胶合成整体。

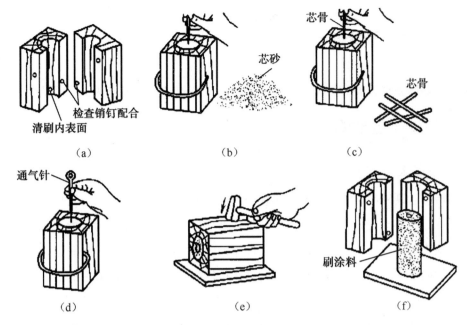

图 2-1 用芯盒造芯过程

（a）检查芯盒；（b）夹紧芯盒分层并加芯砂捣紧；（c）插芯骨；（d）继续填砂捣紧刮平，扎通气孔；（e）松开夹子，轻敲芯盒，使芯从芯盒内壁松开；（f）取芯，刷涂料

四、分模造型

当铸件的最大截面不是在铸件一端而是在铸件的中间，采用整模造型不能取出模样时，常采用分模造型方法。

分模造型时所用的模样沿其最大截面分为两部分，即分为上半模和下半模，并用销钉定位。模样上分开的平面常作为造型时的分型面，所以分模造型时，模样分别放置在上、下砂箱内。

分模造型时，型腔分别处在上型和下型中。起模和修型均较方便，但合型时要注意使上、下型准确定位，否则铸件会产生错型缺陷。

分模造型方法操作简单，适用于形状复杂的铸件，特别是有孔的铸件，即带芯的铸件，如套筒、管子、阀体和箱体等。

分模造型的分模面总是开在模样外形最大截面处，一般为平面，但也可以根据铸件形状设计为曲面和阶梯面等。

五、其他手工造型方法

手工造型除整模造型和分模造型方法外，还有其他一些造型方法，下面做简单介绍。

（一）挖砂造型和假箱造型

1. 挖砂造型

有的铸件，其外形轮廓为曲面或阶梯面，最大截面亦为曲面，但由于模样太薄或制造分模有困难，模样不便分为两半，这样，可将模样作为整体铸造。为了能起出模样，造型时用手工挖去阻碍起模造型型砂的方法，称为挖砂造型，如手轮等。在制作这类铸件模样时，因分型面不平，不能分为两半，因此，在单件小批生产时，常采用挖砂造型。

挖砂造型时，每造一型须挖砂一次，操作麻烦，生产率低，要求操作水平高。同时，往往挖砂不易准确地挖出模样的最大截面，致使铸件在分型面处产生毛刺，影响外形的美观和尺寸精度，因此，这种方法只适用于单件小批生产。

2. 假箱造型

为了克服挖砂造型的缺点，保证铸件的质量，提高生产效率，造型时可用成型造型底板代替平面，并将模样放置在成型底板上造型，以省去挖砂操作。也可用含黏土量多、强度高的型砂舂紧制成砂质成型底板。我们可称之为假箱，以代替平面底板进行造型，这种造型方法称为假箱造型。

造型时，先将模样放在假箱或成型底板上造下型，然后将下型翻转造上型。由于假箱只在造型时使用，并不用来构造砂型，所以我们称之为假箱。用假箱或成型底板造下型，可使模样的最大截面露出，所以不必挖砂就可起出模样。

假箱造型比挖砂造型简便，生产效率高，适用于小批或成批生产。

（二）活块造型

制作模样时，将零件上妨碍起模的部分（如小凸台、肋条等）做成活动的，称为活块。造型起模时，先取出模样主体，然后再从侧面将活块取出。采用带有活块的模样进行造型的方法称为活块造型。

活块造型操作应特别细心，舂砂时要注意防止舂坏活块或将其位置移动，且要求操作技术水平高。活块部分的砂型损坏后修补较麻烦，取出活块亦要花费工时，故生产效率低。另外，由于活块是用销子或燕尾榫与模样主体连接，而销、榫易磨损，造型过程中活块也可能移动而错位，所以铸件的尺寸精度较低，因此，活块造型只是用于单件小批量生产。

（三）刮板造型

制造有等截面形状的大、中型回转体铸件时，如带轮、飞轮、弯管等，若生产批量很少，在造型时可用一个与铸件截面形状相同的木板（称为刮板）代替模样，来刮出所需模型的型腔，这种造型方法被称为刮板造型。

用刮板代替实体模样造型具有节约材料、减少制造模样所需费用、缩短生产周期等优点，且铸件尺寸越大，上述优点就越显著。但刮板造型生产率低，要求操作技术水平高，所以只适用于有等截面的大、中型回转体铸件的单件小批生产。

刮板造型可在砂箱内进行，下型也可以利用地面进行刮制，这样可以节省砂箱降低砂型的高度，便于浇注。

（四）三箱造型

当铸件具有两端截面大而中间截面小的外形时，如采用整模两箱造型，则无法起模。这时，若将模样从小截面处分开，将其分为上、中、下三部分，用两个分型面、三个砂箱造型，模样便可起出，这种造型方法称为三箱造型。

三箱造型操作复杂，生产率低。由于分型面增多，生产错型的可能性增加，还要求高度适当的中箱，所以只适用于单件小批生产。

六、铸铁的熔炼与浇注

铸铁的熔炼是获得高质量铸件的一个重要环节，其目的是要求得到一定成分和温度的铁液。铸铁熔炼应满足铁液温度高、铁液的化学成分符合要求、生产率高和燃料消耗少等条件。

铸铁熔炼的设备有冲天炉、反射炉、电弧炉和工频炉等。目前使用较多的是冲天炉，其优点是结构简单、操作方便、成本低，而且能连续生产。

（一）冲天炉的构造

冲天炉是圆柱形竖立炉，其结构形式较多，但主要结构基本相似。冲天炉由下列几部分组成。

1. 炉底

整个冲天炉装在炉底板上，炉底板用四根支柱支撑，炉底板上装有两扇可以开闭的炉底门。在开炉前，将炉底门关闭，上面用型砂等材料春实，结成炉底；熔炼结束后，打开炉底门，便可消除余料和修炉。

2. 炉体

炉体包括炉身和炉缸两部分，从底排风口到炉底为炉缸，从底排风口至加料口为炉身。炉体外壳由钢板焊成，内砌耐火砖。由鼓风机鼓出的冷风经过密筋炉胆（鼓风装置）转变为热风，再经风带、风口进入炉内，以使焦炭充分燃烧。风口沿炉高度方向有若干排，最下面一排（底排）为主风口，其他各排为辅助风口。

3. 烟囱

从加料口到炉顶为烟囱。烟囱顶部设有火花罩，用来收集火红的焦炭颗粒和烟尘。

4. 前炉

前炉通过过道与炉缸相连，前炉上开设有窥视孔、出渣口、出铁口及出铁槽。前炉的主要作用是储存铁液，使铁液的成分和温度更加均匀。前炉中的铁液由出铁口放出，熔渣则从位于铁口侧面上方的出渣口放出。

5. 加料装置

加料装置由加料机和加料桶组成，其作用是将炉料以一定的配比和分量按次序分批从加料口投入炉内。

冲天炉的大小是以每小时能熔炼出的铁水吨数来表示的，常用的冲天炉为 1.5~10 t/h。

（二）冲天炉炉料

冲天炉炉料由金属炉料、燃料和熔剂三部分组成。

1. 金属炉料

金属炉料由高炉生铁（即生铁锭）、回炉铁（浇冒口、废铸件等）、废钢及铁合金（硅铁、锰铁等）按比例配制而成。高炉生铁是主要的金属炉料，回炉铁可降低铁液的含碳量，铁合金用来调整铁液的化学成分或配制合金铸铁。

2. 燃料

常用的燃料是焦炭，焦炭的燃烧为铸铁熔炼提供热量，要求焦炭中碳的含量要高，挥发物、灰分、硫的含量要少。焦炭燃烧的情况直接影响铁液的温度和成分。每批炉料中金属炉料和焦炭的重量比称为铁焦比，铁焦比一般为 10：1。

3. 熔剂

熔剂主要起造渣作用。金属炉料中的氧化物、焦炭中的灰分等相互作用会形成熔点低、黏度大的熔渣，如不及时排除，会黏附在焦炭上，影响焦炭的燃烧。加入溶剂后，可降低渣的熔点并使熔渣稀释，以利于渣与铁水分离，并使渣从出渣口排出。常用的溶剂有石灰石和萤石，加入量为金属炉料重量的 3%～4%。

（三）浇注

将熔炼金属从浇包注入铸型的操作，称为浇注。浇注是铸造生产的一个重要环节，为保证铸件质量、提高生产率和工作安全，应严格遵守浇注操作规程。

1. 浇包

用来盛放、输送和浇注熔融金属用的容器称为浇包。手提浇包容量为 15～20 kg，抬包容量为 25～100 kg，由 2～6 人抬着浇注。容量更大的浇包用吊车吊运，称为吊包。浇包的外壳用钢板制成，内衬为耐火材料。

2. 浇注工艺

浇注时要控制好浇注温度和浇注速度。

（1）浇注温度

浇注温度过高，铁液含气量大，液体收缩大，对型砂的热作用剧烈，容易产生气孔、缩孔、缩松和黏砂等缺陷；浇注温度过低，会产生冷隔、皮下气孔和浇不足等缺陷。浇注温度与金属种类、铸件大小和壁厚有关，一般中小型灰铸件的浇注温度为 1260～1350℃，形状复杂和壁薄的铸件为 1350～1400℃。

（2）浇注速度

单位时间内浇入铸型中的金属液重量称为浇注速度。浇注速度应适中，太慢会充不满型腔，铸件容易产生冷隔、浇不足等缺陷；太快会冲刷铸型，且使铸型中气体来不及溢出，在铸件中产生气孔，以致造成冲砂、抬箱、跑火等缺陷。浇注速度应根据铸件形状和壁厚确定，对于形状复杂和壁薄的铸件，浇注速度应快些。

（四）铸造铝合金的熔炼

铝合金是一种应用最为广泛的轻合金，其熔炼一般采用焦炭坩埚炉或电阻坩埚炉。

铝合金在高温下容易氧化，且吸气（氢气等）能力很强。铝的氧化物 Al_2O_3 呈固态杂物悬浮在铝液中，在铝液表面形成致密的 Al_2O_3 薄膜。液体合金所吸收的气体被其阻碍而不易排出，便在铸件中产生非金属夹杂物和分散的小气孔，降低其力学性能。为避免铝合金氧化和吸气，熔炼时应加入溶剂（KCl、NaCl、NaF_2 等），使铝合金液体在溶剂层覆盖下进行熔炼。当铝合金液被加热到 700～730℃ 时，加入精炼剂（六氯乙烷等），进行去气精炼，将铝液中溶解的气体和夹杂物带到液面使其被去除，以使金属液净化，提高合金的力学性能。

七、铸件的落砂、清理及缺陷分析

（一）铸件的落砂

把铸件与型砂、砂箱分开的操作称为落砂，落砂应在铸件充分冷却后进行。落砂过早，会使铸件冷却太快，容易产生表面硬皮、内应力、变形、裂纹等缺陷，但也不能太迟，以免影响生产率。对于形状简单、重量小于 10 kg 的铸件，一般在浇注后 1 h 左右就可以落砂。

小型铸件的手工落砂是用铁钩和手锤进行的。手工落砂不仅生产率低，而且由于灰尘多、温度高，劳动条件较差。为改善劳动条件和提高劳动生产率，常用振动落砂机来进行落砂。当振动落砂机主轴旋转时，主轴两端带有不平衡的偏心套产生惯力，使机身与上面的砂箱一起振动，完成落砂。

（二）铸件的清理

落砂后的铸件必须清理。铸件清理包括清除表面砂、芯砂、浇冒口、飞翅和氧化皮等。对于小型灰铸件上的浇冒口，可用手锤或大锤敲掉，敲击时要选好敲击的方向，以免将铸件敲坏，并注意安全，敲打方向不要正对他人；铸钢件因塑性好，浇冒口要用气割切除；有色金属件上的浇冒口则多锯削。

铸件内腔的芯砂可用手工或机械方法清除。手工清除的方法是用钩铲、风铲、铁棍、钢凿和手锤等工具在芯上慢慢铲削，或者轻轻敲击铸件，振松芯子，使其掉落；机械清除可采用振砂机、水力清砂、水爆清砂等方法。

表面黏砂、飞翅和浇冒口余痕的清除，一般使用钢丝刷、錾子、锉刀等手工工具进行。手工清理劳动强度大、条件差、效率低，现多用机械代替。常用的清理机械有清理滚筒、喷砂及抛丸机等，其中清理滚筒是最简单而又普遍使用的清理机械。为提高清理效率，在滚筒中可装入一些白口铸铁制的铁星，当滚筒转动时，铸件和白口铁星互相撞击、摩擦从而将铸件表面清理干净。滚筒端部有抽气出口，可将所产生的灰尘吸走。

（三）铸件缺陷分析

经清理后的铸件，要经过检验，并应对出现的缺陷进行分析，找出原因，以便采取措施加以防止。

常见铸件缺陷的特征和产生的主要原因如下所述。

1. 气孔

气孔是在铸件内部表面上呈梨形或圆形的孔眼，其特征是孔的内壁较光滑。产生的主要原因有砂型春得太紧或透气性太差，型砂含水过多或起模、修型时刷水过多，型芯通气孔被堵塞或芯未烘干，浇冒口设置不当使气体难以排出等。

2. 缩孔

缩孔的特征是孔的内壁粗糙，形状不规则，一般出现在铸件最后凝固（厚壁）处。产生的原因有铸件结构设计不合理，壁厚不均匀；浇冒口开设的位置不对，或冒口尺寸小，补缩能力差；浇注温度太高或铁水化学成分不合格，收缩量过大等。

3. 砂眼

铸件的内部或表面上有充满型砂的孔眼，称为砂眼。产生的原因有造型时落入型腔内的散砂未吹干净；芯的强度不够，被铁水冲坏；型砂未春紧，被铁水冲垮或卷入；内浇道的方向不对，致使铁水冲坏砂型；合型时砂型局部损坏等。

4. 裂纹

在高温下形成的裂纹称为热裂纹，热裂纹形状曲折而不规则，其裂纹短、裂缝宽、断面严重氧化。在较低温度下形成的裂纹称为冷裂纹，冷裂纹细小、较平直、没有分叉，断面未氧化或轻微氧化。裂纹产生的原因是铸件结构设计不合理。

5. 冷隔

冷隔是指铸件有未完全融合的缝隙和洼坑，其交接处呈圆滑状，一般出现在离内浇道较远处、薄壁处或金属汇合处。冷隔产生的原因是浇注温度太低、浇注速度太慢或浇注时发生中断、浇道太小或位置不当。

6. 浇不足

铸件未浇满。产生的原因是浇注温度太低，浇注速度太慢或浇注时发生中断，浇道太小或未开出气口，铸件结构不合理及局部过薄等。

7. 错型

铸件沿分型面产生相对位置的错移，称为错型。它是由于合型时上下砂型未对准、砂箱的合型线或定位销不准确或者造型时分模的上半模和下半模未对准而造成的。

由上述分析可见，铸件缺陷的分析是一项相当复杂的工作，这不仅因为铸造工艺过程的环节较多、牵扯面较广，而且因为同一种缺陷，可能是由多种不利因素综合作用造成的。所以一定要对每一铸件的具体情况做铸件缺陷分析，分析前应该做好调查研究工作。

具有缺陷的铸件是否作为废品，则由铸件的用途和技术要求以及缺陷产生的部位和严重程度等情况而定。例如，对于不重要的铸件或铸件的非要害部位存在的砂眼、气孔等缺陷，如果不影响使用或修补后不影响使用，可以不列为废品。

第二节　金属压力加工

一、概述

金属压力加工是指借助外力的作用，使金属坯料产生塑性变形，达到所需要的形状、尺寸和力学性能要求的加工方法。压力加工分为如下六类。

（一）轧制

使坯料通过旋转轧辊的中间缝隙，受压而产生塑性变形，这种加工方法称为轧制。轧制生产所用的坯料主要是钢锭。在轧制过程中，金属坯料截面缩小、长度增加，从而获得各种截面形状的轧材，如钢板、型材、无缝钢管及各种型钢。

（二）挤压

坯料通过挤压模内的模孔被挤出而产生塑性变形的加工方法称为挤压。挤压可分为两种：一种是凸模运动方向和坯料流动方向一致的正挤压；另一种是凸模运动方向和坯料流动方向相反的反挤压，反挤压可以节省挤压力。

挤压后，可获得各种截面形状的型材或零件，如低碳钢、有色金属及其合金、高合金钢和难熔合金等。

（三）拉拔

将坯料拉过拉拔模的模孔而产生塑性变形的加工方法称为拉拔。拉拔后的产品主要是各种细线材、薄壁管以及各种特殊几何形状截面的型材。所获得的产品具有较高的精度和较低的表面粗糙度，故也常用于对轧制件（棒料、管材）的再加工，以提高产品质量。拉拔生产适用于加工低碳钢及大多数的有色金属及其合金。

（四）自由锻

坯料在上下砧铁（砧座与锤头）间受冲击或压力的作用而变形的加工方法称为自由锻。自由锻分手工自由锻和机器自由锻。自由锻的基本工序包括镦粗、拔长、冲孔、切割、弯曲、扭转及错移等。

手工自由锻生产效率低，劳动强度大，仅用于修配或简单、小型、小批锻件的生产。在现代工业生产中，机器自由锻已成为锻造生产的主要方法，在重型机械制造中，它具有特别重要的作用。

（五）模锻

这是一种将坯料放在具有一定形状的锻模模腔内，在冲击力或压力作用下充满模腔的加工方法。

大多数金属是在热态下模锻的，所以模锻也称为热模锻。与自由锻相比，模锻能够锻出形状更为复杂、尺寸比较准确的锻件，其生产效率比较高，可以大量生产形状和尺寸都基本相同的锻件，便于随后的切削加工过程采用自动机床和自动生产线。

模锻后的锻件内部会形成带有方向性的纤维组织，即流线。选定合理的模锻工艺和模具，使流线的分布与零件的外形一致，可以显著提高锻件的力学性能。但模锻需要专用的模具，模具必须用优质合金工具钢制造，模腔形状复杂、要求精度高、加工量大、生产周期长、价格昂贵。因此，模锻一般适用于大批量生产，或用于批量虽不大，但对锻件的形状和性能有较高要求的场合。模锻件的精度高，加工余量小。

加工余量的决定要考虑模具的制造精度及其使用中的磨损，金属的冷缩和表面氧化，金属流动和充填状态，锻造需要的斜度、圆角和锻造偏差以及切削加工所需的余量等。在实际生产中，锻件加工余量都按标准选用。使用特殊的精密锻造工艺，严格控制锻件的局部公差，不留切削加工余量，不再切削，是现代模锻技术的发展方向之一。

（六）板料冲压

这是一种将金属板料放在冲模间，使其受冲击或压力作用而产生分离和变形的加工方法。板料冲压常有落料、冲孔、弯曲、拉深等工序。

冲压通常在室温下进行，不需加热，所以又称冷冲压。

冲压件的重量轻、刚性好、尺寸准确、表面光洁，一般不需要经切削加工就可装配使用。冲压过程易于实现机械化和自动化，生产率高，现已广泛应用于汽车、拖拉机、航空、电器、仪表和日用品等工业部门。

冲压需要专门的模具——冲模。由于冲模的制造周期长、费用高，因此，只有在大批量生产时采用冲压才是经济的。冲压除了用于制造金属材料（最常用的是低碳钢、铜、铝及其合金）的冲压件外，还用于许多非金属材料（胶木、石棉、云母或皮革等）的加工。

轧制、挤压和拉拔等加工方法主要用于制造一般常用的型材、板材和线材等。自由锻、模锻和板料冲压等加工方法又称为锻压，通过锻压加工可直接生产各种零件和毛坯。

金属压力加工能获得如此广泛的应用，是由于加工时产生塑性变形，使金属毛坯具有细晶粒结构，同时能压合铸件组织内部的缺陷（如微裂纹、气孔等），因而提高了金属的力学性能，故可减少零件截面尺寸，减轻产品重量。但是，压力加工与铸造方法比较也有不足之处，例如，不能获得形状较为复杂的零件等。

二、金属的加热

金属加热的主要目的是为了获得良好的塑性和较低的变形抗力，以利于锻压加工时的成型。除板料冲压、冷拔、冷轧、冷挤压外，一般压力加工均采用热态变形。

金属加热的方法按其热源不同，可分为火焰炉加热和电炉加热两类。其中火焰炉加热以燃料（煤、重油、煤气等）为热源，电炉加热以电能为热源。

（一）加热时可能产生的缺陷

1. 氧化

加热时金属表面极易与氧化合，生成氧化皮。氧化皮不仅使金属损耗（每次加热损耗约占钢料总重量的 1%~3%），而且降低了表面质量，还会使模具的磨损加快。

2. 脱碳

加热时金属表面的碳被氧化烧损掉，这种现象叫脱碳。脱碳结果使材料表面硬度、强度和耐磨性降低。钢材的脱碳层深度不允许超过机械加工余量。

3. 过热

加热温度超过了工艺规范所允许的温度范围，从而引起金属内部组织粗大，这种现象叫过热。具有过热组织的钢材不仅力学性能会下降，而且会变脆。

4. 过烧

金属长时间在过高的温度中加热，炉气中的氧会渗透到金属的内部组织中，引起晶界的氧化和晶界上低熔点杂质的熔化，破坏了金属原子间的结合力，从而在锻压加工中出现裂纹，这种现象叫过烧。

5. 裂纹

引起裂纹的原因有加热温度过高、加热速度过快以及装炉不当等。若加热速度过快或装炉温度过高，由于钢材表里温差过大，产生很大的内应力，从而导致裂纹。故对于这类钢材必须采用缓慢加热或先经预热。

（二）锻造温度范围

要获得优质的毛坯或零件，就应该保证金属具有良好的塑性状态。因此，热态塑性变形必须在规定的温度范围内进行。

从开始锻造的最高温度到终止锻造的最低温度之间的范围，叫作锻造温度范围。始锻温度过高，容易产生过热或过烧缺陷；终锻温度过低，则材料的塑性降低，变形阻力增大。

高碳钢及合金钢的锻造温度范围较窄，而有色金属的锻造温度范围更窄。所以，锻造这些材料时应特别注意。

三、自由锻

只用简单的通用性工具，或在锻造设备的上、下砧铁之间直接使坯料变形而获得所需的几何形状及内部质量的锻件，这种方法称为自由锻。

自由锻的常用工序可分为拔长、镦粗、冲孔、弯曲、错移和扭转等。

（一）自由锻的基本工序

1. 拔长

拔长是使坯料横断面积减小、长度增加的锻造工序。拔长的方法主要有以下两种：

①在平砧上拔长。图2-2（a）是在锻锤上、下平砧间拔长的示意图。高度为 H 的坯料由右向左送进，每次送进量为1。

②在心轴上拔长。图2-2（b）是在心轴上拔长空心坯料的示意图。锻造时，先把心轴插入冲好孔的坯料中，然后当作实心坯料进行拔长。

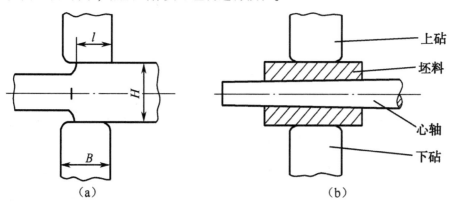

图2-2　拔长示意图

（a）在平砧上拔长；（b）在心轴上拔长

2. 镦粗

镦粗是使毛坯高度减小、横断面积增大的锻造工序。常用于锻造齿轮坯、圆饼类锻件。

镦粗主要有以下三种形式：

①完全镦粗。完全镦粗是将坯料竖直放在砧面上，在上砧的锤击下，使坯料产生高度减小、横截面积增大的塑性变形。

②端部镦粗。将坯料加热后，一端放在漏盘或胎模内，限制这一部分的塑性变形，然后锤击坯料的另一端，使之镦粗成型。在单件生产条件下，可将需要镦粗的部分局部加热，或者全部加热后将不需要镦粗的部分在水中激冷，然后进行镦粗。

③中间镦粗。这种方法用于锻造中间断面大、两端断面小的锻件。坯料镦粗前，须先将坯料两端拔细，然后使坯料直立在两个漏盘中间进行锤击，使坯料中间部分镦粗。

3. 冲孔

冲孔是利用冲头在镦粗后的坯料上冲出透孔或不透孔的锻造工序。常用于锻造杆类、齿轮坯、环套类等空心锻件。冲孔的方法主要有以下两种：

①双面冲孔法。用冲头在坯料上冲至 2/3~3/4 深度时，取出冲头，翻转坯料，再用冲头从反面对准位置，冲出孔来。

②单面冲孔法。厚度小的坯料可采用单面冲孔法。冲孔时，坯料置于垫环上，将一略带锥度的冲头大端对准冲孔位置，用锤击方法打入坯料，直至孔穿透为止。

4. 弯曲

弯曲是采用一定的工模具将毛坯弯成所规定的外形的锻造工序，常用于锻造角尺、弯板、吊钩等轴线弯曲的锻件。弯曲方法主要有以下两种：

①锻锤压紧弯曲法。坯料的一端被上、下砧压紧，用大锤打击或用吊车拉另一端，使其弯曲成型。

②用垫模弯曲法。在垫模中弯曲能得到形状和尺寸较准确的小型锻件。

5. 错移

错移是指将坯料的一部分相对另一部分平行错开一段距离的锻造工序。常用于锻造曲轴类零件。错移时，先对坯料进行局部切割，然后在切口两侧分别施加大小相等、方向相反且垂直于轴线的冲击力或压力，使坯料实现错移。

6. 扭转

扭转是将坯料的一部分相对于另一部分绕其轴线旋转一定角度的锻造工序。常用于锻造多拐弯曲件、麻花钻和校正某些锻件。小型坯料扭转角度不大时，可用锤击方法。

（二）自由锻的生产特点和应用

自由锻时，坯料只有部分与上、下砧铁接触而产生塑性变形，其余部分则为自由表面，所以要求锻造设备的吨位比较小。自由锻的工艺灵活性较大，更改锻件品种时，生产准备的时间较短。自由锻的生产率低，锻件精度不高，不能锻造形状复杂的锻件。自由锻主要在单件、小批生产条件下采用。自由锻是大型锻件的主要生产方法。

四、胎模锻

胎模锻是在自由锻设备上使用可移动模具（胎模）生产模锻件的一种锻造方法。胎模不固定在锤头或砧座上，只是在用时才放上去。在生产中、小型锻件时，广泛采用自由锻制坯、胎模锻成型的工艺方法。胎模锻工艺比较灵活，胎模的种类也比较多，因此，了解胎模的结构和成型特点是掌握胎模锻工艺的关键。

（一）胎模的种类

根据胎模的结构特点，胎模可以分为摔子、扣模、套模和合模四种。

1. 摔子

摔子是用于锻造回转体或对称锻件的一种简单胎模。它有整形和制坯之分。

2. 扣模

扣模是相当于锤锻模成型具有模膛作用的胎模，多用于简单非回转体轴类锻件局部或整体的成型。扣模一般由上、下扣组成，或者只有下扣，而上扣由上砧代替。

在扣模中锻造时，坯料不翻转。扣形后将坯料翻转90°，再用上、下砧平整锻件的侧面。

3. 套模

套模一般由套筒及上、下模垫组成。它有开式套模和闭式套模两种。最简单的开式套模只有下模（套模），上模由上砧代替。有模垫的开式套模，其模垫的作用是使坯料的下端面成型。开式套模主要用于回转体锻件（如齿轮、法兰盘等）的成型。

闭式套模是由模套和上、下模垫组成的，也可只有上模垫。它与开式套模的不同之处在于，上砧的打击力是通过上模垫作用于坯料上的，坯料在模膛内成型，一般不产生飞边或毛刺。闭式套模主要用于凸台和凹坑的回转体锻件，也可用于非回转体锻件。

4. 合模

合模由上、下模和导向装置组成。在上、下模的分模面上，环绕模膛开有飞边槽，锻造时多余的金属被挤入飞边槽中。锻件成型后须将飞边切除。合模锻多用于非回转体类且形状比较复杂的锻件，如连杆、叉形锻件等。

与前述几种胎模锻相比，合模锻生产的锻件精度和生产率都比较高，但是模具制造也比较复杂，所需锻锤的吨位也比较大。

（二）胎模锻的特点和应用

胎模锻与自由锻相比有如下优点：

①由于坯料在模膛内成型，所以锻件尺寸比较精确，表面比较光洁，流线组织的分布比较合理，所以质量较高。

②由于锻件状由模膛控制，所以坯料成型较快，生产率比自由锻高 1~5 倍。

③能锻出形状比较复杂的锻件。

④锻件余块少，因而加工余量较小，既可节省金属材料，又能减少机械加工工时。

胎模锻也有一些特点：需要吨位较大的锻锤；只能生产小型锻件；胎模的使用寿命较短；工作时一般要靠人力搬动胎模，因而劳动强度较大。胎模锻用于生产中、小批量的锻件。

五、锤上模锻

（一）锻模的种类

使坯料成型而获得模锻件的工具称为锻模。锻模分单模膛锻模和多模膛锻模两类。

1. 单模膛锻模

图 2-3 是单模膛锻模及锻件成型过程的简图。加热好的坯料直接放在下模的模膛内，然后上、下模在分模面上进行锻打，直至上、下模在分模面上近乎接触为止。切去锻件周围的飞边，即得到所需要的锻件。

2. 多模膛锻模

形状复杂的锻件，必须经过几道预锻工序才能使坯料的形状接近锻件形状，最后才在终锻模膛中成型。所谓多模膛锻模，就是在同一副锻模上能够进行各种拔长、弯曲、镦粗等预锻工序和终锻工序。图 2-4 是弯曲轴线类锻件的锻模和锻件成型过程示意图。坯料 8 在延伸模膛 3 中被拔长，延伸坯料 9 在滚压模膛 4 中被滚压成非等截面滚压坯料 10，滚压坯料 10 在弯曲模膛 7 中产生弯曲，弯曲坯料 11 在预锻模膛 6 中初步成型，得到带有飞边的预锻坯料 12。最后经终锻模膛 5 锻造，得到带飞边的锻件 13。切掉飞边后即得到所需要的锻件。

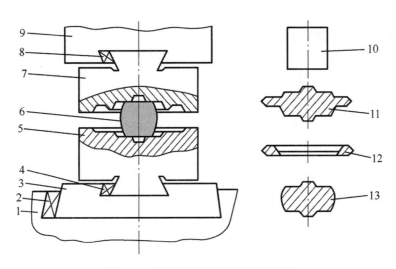

图2-3 单模膛锻模及锻件成型过程

1-砧座；2、4、8-楔铁；3-模座；5-下模；6-坯料；7-上模；9-锤头；

10-坯料；11-带飞边的锻件；12-切下的飞边；13-成型锻件

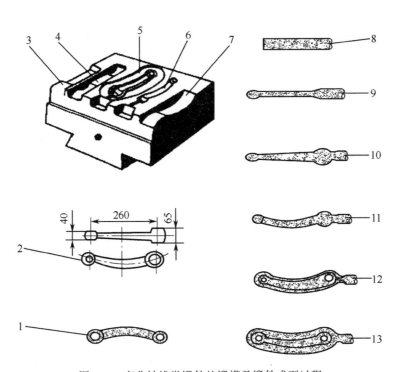

图2-4 弯曲轴线类锻件的锻模及锻件成型过程

1-锻件；2-零件图；3-延伸模膛；4-滚压模膛；5-终锻模膛；6-预锻模膛；7-弯曲模膛；8-坯

料；9-延伸坯料；10-滚压坯料；11-弯曲坯料；12-预锻坯料；13-带飞边锻件

（二）锤上模锻的特点和应用

锤上模锻与自由锻、胎模锻比较，有如下优点：

生产率高，表面质量高，加工余量小，余块少甚至没有，尺寸准确，可节省大量金属材料和机械加工工时。操作简单，劳动强度比自由锻和胎模锻都低。模锻后的锻件内部形成带有方向性的纤维组织，即流线。选定合理的模锻工艺和模具，使流线的分布与零件的外形一致，可以显著提高锻件的力学性能。但模锻需要专用的模具，模具必须用优质合金工具钢制造，模膛形状复杂，要求精度高，加工量大，生产周期长，价格昂贵。因此，模锻一般适用于大批量生产，或用于批量虽不大，但对锻件的形状和性能有较高要求的场合。模锻件的精度高，加工余量小。

六、板料冲压

使板料经分离或成型而得到制件的工艺统称为冲压。因通常都是在冷态下进行的，故称冷冲压。

（一）冲压的基本工序

冲压的基本工序可分为分离和成型两大类。分离工序是指使坯料的一部分与另一部分相互分离，如切断、落料、冲孔、切口、切边等。成型工序是指板料的一部分相对另一部分产生位移而不破裂，如弯曲、拉深等。

下面介绍几种常用的冲压工序：

1. 切断

切断是使坯料沿不封闭的轮廓分离的工序。切断通常是在剪床（又称剪板机）上进行的。当剪床机构带动滑块沿导轨下降时，在上刀刃与下刀刃的共同作用下，板料被切断。

切断工序可直接获得平板形制件。但是，生产中切断主要用于下料。

2. 落料与冲孔

落料与冲孔又称为冲裁，指利用冲模将板料以封闭轮廓与坯料分离的工序，冲裁大多在冲床上进行。当冲床滑块使凸模下降时，在凸模与凹模刃口的相对作用下，圆形板料被切断而分离出来。

对于落料工序而言，从板料上冲下来的部分是产品，剩余板料则是余料或废料；对于冲孔而言，板料上冲出的孔是产品，而冲下来的则是废料。

（二）冲压件的结构工艺性

冲压件的结构工艺性，是指冲压件在结构、形状、尺寸、材料和精度要求等方面，要尽可能做到制造容易、节省材料、模具使用寿命长、不出现废品。

1. 冲裁件的结构工艺性要求

①冲裁件的形状应力求简单、对称，尽可能采用圆形或矩形等规则的形状，避免出现过长过窄的槽和悬臂。

②冲裁件的转角处要以圆弧过渡，避免尖角。

③制件上孔与孔之间、孔与坯料边缘之间的距离不宜过小，否则凹模强度和制件质量会降低。

④冲孔时，孔的尺寸不能太小，否则会因凸模（即冲头）强度不足而发生折断。一般冲模能冲出的最小孔径与板料厚度 t 有关，具体数值可参阅表 2-1。

表 2-1　最小冲孔尺寸

材料	圆孔	方孔 $L \times L$	长方孔 $L \times W$	长圆孔 $L \times W$
硬钢	$d \geqslant 1.3t$	$L \geqslant 1.2t$	$W \geqslant 1.0t$	$W \geqslant 0.9t$
软钢、黄铜	$d \geqslant 1.0t$	$L \geqslant 0.9t$	$W \geqslant 0.8t$	$W \geqslant 0.8t$
铝	$d \geqslant 0.8t$	$L \geqslant 0.7t$	$W \geqslant 0.6t$	$W \geqslant 0.5t$

2. 弯曲件的结构工艺性要求

①弯曲件的弯曲半径不应小于最小弯曲半径，但是也不应过大，否则回弹不易控制。

②弯曲边长 $h \geqslant R+2t$，如图 2-4（a）所示。h 过小，弯曲边在模具上支持的长度过小，坯料容易向长边方向位移，从而会降低弯曲精度。

③在坯料一边局部弯曲时，弯曲根部容易被撕裂，如图 2-4（a）所示。可减小坯料宽（A 减为 B）或者改成如图 2-4（b）所示的结构。

④若在弯曲附近有孔时，则孔容易变形。因此，应使孔的位置离开弯曲变形区，如图 2-4（c）所示。从孔缘到弯曲半径中心的距离应为 $l \geqslant t$（t 小于 2mm 时）或 $l \geqslant 2t$（$t \geqslant$ 2 mm 时）。

⑤弯曲件上合理加肋，可以增加制件的刚性，减小板料厚度，节省金属材料。在图 2-5 中，图 2-5（a）结构改为图 2-5（b）结构后，$t_2 < t_1$，既省材料，又减小弯曲力。

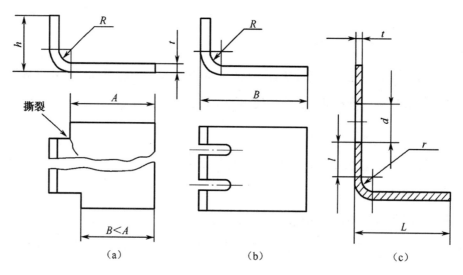

图 2-4　弯曲件的结构工艺性

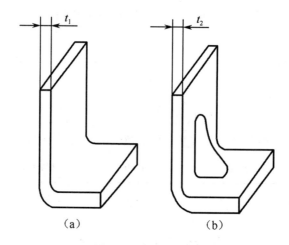

图 2-5　弯曲件加肋

（a）无肋；（b）有肋

3. 拉深件的结构工艺性要求

①拉深件的形状应尽量对称。轴向对称的零件，在圆周围方向上的变形比较均匀，模具也容易制造，工艺性最好。

②空心拉深件的凸缘和深度应尽量小。如图 2-6 所示的制件，其结构工艺性就不好，一般应使 $d_凸 < 3d$，$h < 2d$。

③拉深件的制造精度（如制件的内径、外径和高度）要求不宜过高。

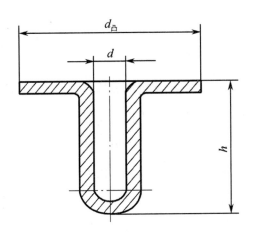

图 2-6　拉深件的结构工艺性

第三节　焊接加工

一、常用焊接方法

(一) 手工电弧焊

手工电弧焊（又称为焊条电弧焊）是用手工操纵焊条进行焊接的电弧焊方法。

手工电弧焊设备简单，操作灵活，对空间不同位置、不同接头形式的焊件都能进行焊接。因此，手工电弧焊是焊接生产中应用最广泛的焊接方法。

焊接电弧是由焊接电源供给的，它是在具有一定电压的两电极间或电极与焊件间，由气体介质中产生的强烈而持久的放电现象。

1. 焊接电弧的产生

产生焊接电弧的方式有接触引弧和非接触引弧两种，手工电弧焊采用接触引弧。焊接时，当焊条末端与焊件接触时，造成短路，而且由于焊件和焊条的接触表面不平整，使接触处电流密度很大，在短时间内产生大量的热，使焊条末端温度迅速提高并熔化，在很快提起焊条的瞬间，电流只能从已熔化金属的细颈处通过，使细颈部分的金属温度急剧升高、蒸发和气化，引起强烈电子发射和热电离。在电场力作用下，自由电子奔向阳极，正离子奔向阴极，在它们运动过程中和到达两极时不断发生碰撞和复合，使动能变为热能，并产生大量的光和热，便形成了电弧。

2. 焊接电弧的构造及热量分布

焊接电弧分三个区域，即阴极区、阳极区和弧柱区。当采用直流电源时，如焊条接负极，焊件接正极，则阴极区在焊条末端，阳极区在焊件上。

阴极区是指靠近阴极端部很窄的区域，阳极区是指靠近阳极端部的区域，处于阴极区和阳极区之间的气体空间区域是弧柱区，其长度相当于整个电弧的长度。用钢焊条焊接钢材时，阴极区释放的热量约占电弧总热量的36%，温度约为2100℃；阳极区释放的热量约占电弧总热量的43%，温度约为2300℃；弧柱区释放的热量约占电弧总热量的21%，弧柱中心温度可达5700℃以上。

当使用交流焊接电源时，由于电源极性快速交替变化，所以两极的温度基本一样。

3. 焊接电弧的极性及其选用

用直流电源焊接时，焊件接电源正极、焊条接电源负极的接法称正接；若焊件接负极、焊条接正极称反接。在采用直流焊接电源时，要根据焊件的厚薄来选择正、负极的接法。

一般情况下，焊接较薄焊件时应采用反接法；如果焊接较厚焊件，则采用正接法。用交流电源焊接时，不存在正、反接问题。

4. 焊条

焊条是由焊芯和药皮（或称涂料）组成的。

焊芯是一根具有一定直径和长度的金属丝。焊接时焊芯的作用：一是作为电极，产生电弧；二是熔化后作为填充金属，与熔化的母材一起形成焊缝。由于焊芯的化学成分将直接影响焊缝质量，所以焊芯是由炼钢厂专门冶炼的。我国目前常用的碳素结构钢焊条焊芯牌号为H08、H08A，其平均含碳量为0.08%（A表示优质品）。

焊条的直径是用焊芯直径来表示的，常用的直径为3.2~6 mm，长度为350~450 mm。涂在焊芯外面的药皮，是由各种矿物质（大理石、萤石等）、有机物（纤维素、淀粉等）、铁合金（锰铁、硅铁等）等碾成粉末，用水玻璃黏结而成的。药皮的主要作用有：使电弧容易引燃并稳定燃烧以改善焊接工艺性能；产生大量气体和形成熔渣以保护熔池金属不被氧化，起到机械保护熔池的作用；添加合金元素，以提高焊缝金属的力学性能。

焊条按用途的不同可分为结构钢焊条、耐热钢焊条、不锈钢焊条、铸铁焊条、铜及铜合金焊条、铝及铝合金焊条等。由于焊条药皮类型的不同，适用的电源类型也不同，有些焊条交、直流电源都可以应用，有些焊条则只能用于直流电源而不能用于交流电源。

焊条药皮的种类很多，按熔渣化学性质的不同，可将焊条分为酸性焊条和碱性焊条两大类。药皮中含有较多酸性氧化物（如 SiO_2、TiO_2）的焊条，称为酸性焊条。酸性焊条工艺性好（焊接时电弧稳定、飞溅小、易脱渣等），但氧化性较强，焊缝的力学性能及抗裂性较差，所以只适用于交、直流电源焊接一般结构。药皮中含有较多碱性氧化物（如 CaO）的焊条，称为碱性焊条。碱性焊条脱硫、脱磷能力强，金属焊缝具有良好的抗裂性和力学性能，特别是韧性较高，但焊接时电弧稳定性差，对油、水和铁锈敏感，易产生气孔，故焊前须烘干（温度在 350℃ 以上），并彻底清除焊件上的油污和铁锈，一般用于直流电源焊接重要的结构。

根据 GB/T 5117-1995 标准的规定，手工电弧焊用碳钢焊条的型号以字母"E"加四位数字组成，即 E××××。"E"表示焊条，前两位数字表示熔敷金属抗拉强度的最小值，第三位数字表示焊接位置，"0"与"1"表示焊条适用于全位置焊接（平焊、横焊、立焊、仰焊），"2"表示焊条适用于平焊和平角焊，第三位和第四位数字组合时，表示药皮类型及焊接电源种类。例如 E4315，"E"表示焊条，"43"表示熔敷金属的抗拉强度 $\geq 43\ kg/mm^2$（420 MPa），"1"表示适用于全位置焊接，"15"表示药皮类型为低氢钠型，焊接电源为直流反接。

焊接行业中的标准规定结构钢焊条牌号的表示方法是：汉字拼音字首加三位数字。例如 J422："J"表示结构钢焊条"结"字汉语拼音的字首，"42"表示焊缝金属的抗拉强度 ≥ 420 MPa，最后一位数字"2"表示钛钙型药皮，焊接电源交、直流均适用。一般来说，最后一位数字为 6、7 时，表示碱性焊条。

（二）气焊

气焊是利用可燃气体乙炔和助燃气体氧气按一定比例混合后，从焊炬喷嘴喷出，点燃后形成高温火焰（温度可达 3000℃），将焊件加热到一定温度后，再将焊丝熔化，充填焊缝，然后用火焰将接头吹平，待其冷凝后，便形成焊缝。

气焊时所用的火焰，按可燃气体乙炔（C_2H_2）与助燃气体氧气（O_2）的体积比值分为三种：

①当 $V_{O_2} : V_{C_2H_2} < 1$ 时称为碳化焰，火焰中乙炔过剩，有游离态的碳，有较强的还原作用，也有一定的渗碳作用。

②当 $V_{O_2} : V_{C_2H_2} = 1.0 \sim 1.2$ 时称为中性焰，中性焰中氧气与乙炔充分燃烧，没有过剩的

氧气和乙炔，这种火焰的用途最广。

③当 $V_{O_2} : V_{C_2H_2} > 1.2$ 时称为氧化焰，氧化焰中氧气过剩，焊接时对金属有氧化作用。

碳化焰主要用于焊接含碳量较高的高碳钢、高速钢、硬质合金等材料，也可用于铸铁件的焊补。因为这种火焰有增碳作用，可补充焊接过程中碳的烧损。中性焰主要用于低碳钢、低合金钢、高铬钢、不锈钢和紫铜等材料。氧化焰主要用于焊接黄铜、青铜等材料。因为氧化焰可在熔化金属表面生成一层硅的氧化膜（焊丝中含硅），可保护低熔点的锌、锡不被蒸发。

焊接碳钢时，可直接用焊丝焊接。而焊接不锈钢、耐热钢、铜及铜合金、铝及铝合金时，必须用气焊熔剂，以防止金属氧化和消除已经形成的氧化物。

由于气焊火焰的温度比电弧低，热量少，所以主要用于焊接厚度在 2 mm 左右的薄板。

（三）埋弧焊

电弧在焊剂层下燃烧进行焊接的方法称为埋弧焊。

1. 埋弧焊工艺原理

焊接前，在焊件接头上覆盖一层 30 ~ 50 mm 厚的颗粒状焊剂，然后将焊丝插入焊剂中，使它与焊件接头处保持适当距离，并使其产生电弧。电弧产生热量，并形成高温气体，高温气体将熔渣排开形成一个空腔，电弧就在这一空腔中燃烧。覆盖在上面的液态熔渣和最上表面未熔化的焊剂将电弧与外界空气隔离。焊丝熔化后形成熔滴落下，并与熔化了的焊件金属混合形成熔池。随着焊丝的不断移动，熔池中的液态金属也随之凝固，形成焊缝。同时，浮在熔池上面的熔渣也凝固成渣壳。

按焊丝沿焊缝移动方法的不同，埋弧焊可分为埋弧自动焊和埋弧半自动焊两类。

焊接时，焊件放在垫板上，垫板的作用是保持焊件具有适宜焊接的位置。焊丝通过送丝机构插入焊剂中。焊丝和焊剂管一起固定在可自动行走的小车上，焊丝送进的速度与小车运动的速度相配合，以保证电弧的稳定燃烧，使焊接过程自始至终正常进行。

埋弧半自动焊是依靠手工沿焊缝移动焊丝的，这种方法仅适宜较短和不太规则的焊缝的焊接。

2. 埋弧焊的工艺特点和应用

与手工电弧焊相比，埋弧焊的优点是：焊接质量好，生产率高，节省焊接材料，易实现自动化，劳动强度低，劳动条件较好，操作也简单。

埋弧焊的缺点是：设备费用高；一般情况下只能焊接平焊缝，而不适宜焊接结构覆有倾斜焊缝的焊件；又因看不见电弧，焊接时检查焊缝质量不方便。

埋弧焊适用于低碳钢、低合金钢、不锈钢、铜、铝等金属材料厚板的长焊缝焊接。

（四）气体保护电弧焊

用外加气体作为电弧介质并保护电弧和焊接区的电弧焊称为气体保护电弧焊，简称为气体保护焊。

最常用的气体保护电弧焊方法有氩弧焊和二氧化碳气体保护焊。

1. 氩弧焊

氩弧焊是用氩气作为保护气体的电弧焊。氩弧焊按电极在焊接过程中是否熔化而分为熔化极氩弧焊和非熔化极氩弧焊两种。熔化极氩弧焊是采用直径为 0.8~2.44 mm 的实心焊丝，由氩气来保护电弧和熔池的一种焊接方法。焊丝既是电极，也是填充金属，所以称熔化极氩弧焊。

非熔化极氩弧焊是以钨极作为电极，用氩气作为保护气体的气体保护焊。在焊接过程中，钨极不熔化，所以称为非熔化极氩弧焊。填充金属是靠熔化送进电弧区的焊丝。

氩弧焊与其他电弧焊方法相比，焊接时不必用焊剂就可获得高质量焊缝。由于是明弧焊接，操作和观察都比较方便，可进行各种空间位置的焊接。

氩弧焊几乎可用于所有金属材料的焊接，特别是焊接化学性质活泼的金属材料。目前氩弧焊多用于焊接铝、镁、钛、铜及其合金、低合金钢、不锈钢和耐热钢等材料。

2. 二氧化碳气体保护焊

二氧化碳气体保护焊是在实心焊丝连续送出的同时，用二氧化碳作为保护气体进行焊接的熔化电弧焊。

二氧化碳气体保护焊的优点是生产率高。二氧化碳气体的价格比氩气低，电能消耗少，所以成本低。由于电弧热量集中，所以熔池小、焊件变形小、焊接质量高。缺点是不宜焊接容易氧化的有色金属等材料，也不宜在有风的场地工作，电弧光强，熔滴飞溅较严重，焊缝成型不够光滑。

二氧化碳气体保护焊常用于碳钢、低合金钢、不锈钢和耐热钢的焊接，也适用于修理机件，如磨损零件的堆焊。

（五）电阻焊

焊件装配好后通过电极施加压力，利用电流通过接头的接触面及邻近区域产生的电阻热,将其加热至塑性或熔化状态,在外力作用下形成原子间结合的焊接方法称为电阻焊,也称接触焊。电阻焊按接触方式分为对焊、点焊和缝焊。

1. 对焊

按焊接过程和操作方法的不同,对焊可分为电阻对焊和闪光对焊两种。

电阻对焊是将焊件装配成对接接头,使其端面紧密接触,利用电阻热加热至塑性状态,然后迅速施加压力完成焊接的方法。

闪光对焊是将焊件装配成对接接头、略有间隙,接通电源,并使其端面逐渐移近达到局部接触,利用电阻热加热这些接触点(产生闪光),使端面金属熔化,直至端部在一定深度范围内达到预定温度时,迅速施加顶锻力完成焊接的方法。

电阻对焊的接头外形光滑无毛刺,但接头强度较低。闪光对焊接头强度较高,但金属损耗大,接头有毛刺。对焊广泛应用于刀具、钢筋、锚链、自行车车圈、钢轨和管道的焊接。

2. 点焊

点焊是将焊件装配成搭接接头,并压紧在两电极之间,利用电阻热熔化母材金属,形成焊点的电阻焊方法。

点焊时,熔化金属不与外界空气接触,焊点缺陷少、强度高,焊件表面光滑、变形小。点焊主要用于焊接薄板构件,低碳钢点焊板料的最大厚度为 2.5~3.0 mm。此外,还可焊接不锈钢、铜合金、钛合金和铝镁合金等材料。

3. 缝焊

缝焊是将焊件装配成搭接接头并置于两滚轮电极之间,滚轮压紧焊件并转动,连续或断续送电,形成一条连续焊缝的电阻焊方法。

缝焊的焊缝表面光滑平整,具有较好的气密性,常用于焊件要求密封的薄壁容器,在汽车、飞机制造业中应用很广泛。缝焊也常用来焊接低碳钢、合金钢、铝及铝合金等薄板材料。

(六)钎焊

钎焊是采用比母材熔点低的金属材料作为钎料,将焊件和钎料加热到高于钎料熔点、低于母材熔点的温度,利用液态钎料润湿母材,填充接头间隙并与母材相互扩散实现连接焊件的方法。

钎焊时，将焊件接合表面清洗干净，以搭接形式组合焊件，把钎料放在接合间隙附近或接合面之间的间隙中。当焊件与钎料一起加热到稍高于钎料的熔化温度后，液态钎料便借助毛细管作用被吸入并流进两焊件接头的缝隙中，于是在焊件金属和钎料之间进行扩散渗透，凝固后便形成钎焊接头。

钎焊的特点是钎料熔化而焊件接头并不熔化。为了使钎焊部分连接牢固、增强钎料的附着作用，钎焊时要用钎剂，以便清除钎料和焊件表面的氧化物。

常用的钎料一般有两类。一类是铜基、银基、铝基、镍基等硬钎料，它们的熔点一般高于 450℃。硬钎料具有较高的强度，可以连接承受载荷的零件，应用比较广泛，如硬质合金刀具、自行车车架等。

熔点低于 450℃ 的钎料称为软钎料，一般由锡、铅、铋等金属组成。软钎料焊接强度低，主要用于焊接不承受载荷但要求密封性好的焊件，如容器、仪表元件等。钎焊焊接接头表面光洁，气密性好，焊件的组织和性能变化不大，形状和尺寸稳定，可以连接不同成分的金属材料。钎焊的缺点是钎缝的强度和耐热能力都比焊件低。

钎焊在机械、电机、仪表、无线电等制造业中应用广泛。

（七）气割

气割是根据高温的金属能在纯氧中燃烧的原理进行的，它与气焊有着本质不同的过程，即气焊是熔化金属，而气割是金属在纯氧中燃烧。

气割时，先用火焰将金属预热到燃点，再用高压氧使金属燃烧，并将燃烧所生成的氧化物熔渣吹走，形成切口。金属燃烧时放出大量的热，又预热待切割的部分，所以，切割的过程实际上就是重复进行预热—燃烧—去渣的过程。

根据气割原理，被切割的金属应具备下列条件：

①金属的燃点应低于其熔点，否则在切割前金属已熔化，不能形成整齐的切口而使切口凹凸不平。钢的熔点随含碳量的增加而降低，当含碳量等于 0.7% 时，钢的熔点接近于燃点，故高碳钢和铸铁难以进行切割。

②燃烧生成的金属氧化物的熔点应低于金属本身的熔点，且要流动性好，以便氧化物能被熔化并被吹掉。铝的熔点（660℃）低于其氧化物 Al_2O_3 的熔点（2025℃），铬的熔点（1550℃）低于其氧化物 Cr_2O_3 的熔点（1990℃），故铝合金和不锈钢不具备气割条件。

③金属燃烧时能放出足够的热量，而且金属本身的热导性低，这就保证不了下层金属有足够的预热温度，有利于切割过程不间断地进行。铜及其合金燃烧时释放出的热量较

小，且热导性又好，因而不能进行切割。

综合所述，能满足上述条件的金属材料是低碳钢、中碳钢和部分低合金钢。

气割时，用割炬代替焊炬，其余设备与气焊相同。割炬与焊炬相比，增加了输送切割氧气的管道和阀门，其割嘴的结构与焊嘴的也不相同。割嘴的出口有两条通道，其周围的一圈是乙炔与氧气的混合气体出口，中间的通道为切割氧的出口，两者互不相通。

与其他切割方法比较，气割最大的优点是灵活方便、适应性强，它可在任意位置和任意方向气割任意形状和任意厚度的工件。气割设备简单、操作方便、生产率高、切口质量好，但对金属材料的适用范围有一定的限制。由于低碳钢和低合金钢是应用最广的材料，所以气割应用也非常普遍。

二、常用金属的焊接性能

了解金属材料的焊接性，才能正确地进行焊接结构设计、焊前准备和拟定焊接工艺。

（一）金属的焊接性

金属的焊接性是指金属材料对焊接加工的适应性，主要指在一定的焊接工艺条件下，获得优质焊接接头的难易程度。它包括两方面的内容：其一是工艺性能，即在一定焊接工艺条件下，金属对形成焊接缺陷（主要是裂纹）的敏感性；其二是使用性能，即在一定焊接工艺条件下，金属的焊接接头对使用要求的适应性。

在焊接低碳钢时，很容易获得无缺陷的焊接接头，不需要采取复杂的工艺措施。如果用同样的工艺焊接铸铁，则常常会产生裂纹，得不到良好的焊接接头，所以说低碳钢的焊接性比铸铁好。

完整的焊接接头并不一定具备良好的使用性能。例如，焊补铸铁时，即使未发现裂纹等缺陷，但是由于在熔合区和半熔合区容易形成白口组织，因此，也会因不能加工和脆性大而无法使用。这就是说铸铁的焊接性并不是很好。

（二）碳钢和低合金结构钢的焊接性

1. 低碳钢的焊接性

低碳钢的焊接性好，一般不需要采取特殊的工艺措施即可得到优质的焊接接头。另外，低碳钢几乎可用各种焊接方法进行焊接。

低碳钢焊接一般不需要预热，只有在气候寒冷或焊件厚度较大时才需要考虑预热。例如，当板材厚度大于 30 mm 或环境温度低于−10℃时，要将焊件预热至 100~150℃。

2. 中碳钢的焊接性

中碳钢的焊接性比低碳钢差。中碳钢焊件的热影响区容易产生淬硬组织。当焊件厚度较大、焊接工艺不当时，焊件很容易产生冷裂纹。同时，焊件接头处有一部分碳要融入焊缝熔池，使焊缝金属的碳含量提高，降低焊缝的塑性，容易在凝固冷却过程中产生热裂纹。

中碳钢焊前要预热，以减小焊接接头的冷却速度，降低热影响区的淬硬倾向，防止产生冷裂纹。预热的温度一般为 100~200℃。

中碳钢焊件接头要开坡口，以减小焊件金属融入焊缝金属中的比例，防止产生热裂纹。

3. 低合金结构钢的焊接性

低合金结构钢的焊件热影响区有较大的淬硬性。强度等级较低的低合金结构钢含碳量少，淬硬倾向小。随着强度等级的提高，钢中含碳量也会增大，加上合金元素的影响，使热影响区的淬硬倾向也增大。因此会导致焊接接头处的塑性下降，产生冷裂纹的倾向也随之增大，可见，低合金结构钢的焊接性随着其强度等级的提高而变差。

在焊接低合金结构钢时，应选择较大的焊接电流和较小的焊接速度，以减小焊接接头的冷却速度。如果能够在焊接后及时进行热处理或者焊前预热，均能有效地防止冷裂纹的产生。

（三）铸铁的焊接性

铸铁的焊接性很差。在焊接铸铁时，一般容易出现以下问题：

1. 焊后容易产生白口组织

为了防止产生白口组织，可将焊件预热到 400~700℃后进行焊接，或者在焊接后将焊件保温冷却，以减慢焊缝的冷却速度；也可增加焊缝金属中石墨化元素的含量，或者采用非铸铁焊接材料（镍、镍铜、高钒钢焊条）。

2. 产生裂纹

由于铸铁的塑性极差，抗拉强度又低，当焊件因局部加热和冷却造成较大的焊接应力时，就容易产生裂纹。

在生产中，铸铁是不作为材料焊接的。只是当铸铁件表面产生不太严重的气孔、缩孔、砂眼和裂纹等缺陷时，才采用焊补的方法。

三、焊接变形和焊件结构工艺性

金属结构在焊接后，经常发现其形状有变化，有时还出现裂纹，这是由于焊接时，焊件受热不均匀而引起收缩应力而造成的。变形的程度除了与焊接工艺有关以外，还与焊件的结构是否合理有很大关系。

（一）焊接变形及防止方法

1. 焊接变形产生的原因

焊接构件因焊接而产生的内应力称为焊接应力，因焊接而产生的变形称为焊接变形。产生焊接应力与变形的根本原因是焊接时工件局部的不均匀加热和冷却。

焊接变形的基本形式有弯曲变形、角变形、波浪变形和扭曲变形等。

2. 焊接变形的防止方法

①反变形法。根据某些焊件易变形的规律，焊前在放置焊件时，使其形态与焊接时发生的变形方向相反，以抵消焊接后产生的变形。

②焊前固定法。焊接前，用夹具或重物压在焊件上，以抵抗焊接应力，防止焊件变形。也可预先将焊件点焊固定在平台上，然后再焊接。为了防止将固定装置去除后再发生变形，一般在焊接时用手锤敲击焊缝，使焊接应力及时释放，令焊件形状比较稳定。

③焊接顺序变换法。这是一种通过变换焊接的顺序，将焊接时施加给焊件的热量尽快发散掉，从而防止焊接变形的方法。常用的焊接顺序变换法有对称法、跳焊法和分段倒退法。

④锤击焊缝法。这种方法是在焊接过程中，用手锤或风锤敲击焊缝金属，以促使焊缝金属产生塑性变形，焊接应力得以松弛减小。

（二）焊件的结构工艺性

要使焊件焊接后能达到各项技术要求，除了采用上述防止变形的措施以外，还要注意合理设计焊件结构。为此，必须对焊件的结构工艺性有所了解。所谓焊件结构的工艺性，是指所设计的焊件结构能确保焊接工艺过程顺利地进行，它主要包含以下内容：

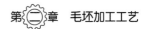

1. 尽可能选用焊接性好的原材料

一般情况下，碳的质量分数小于0.25%的碳钢和碳的质量分数小于0.2%的低合金结构钢都具有良好的焊接性，应尽量选用它们作为焊接材料。而碳的质量分数大于0.5%的碳钢和碳的质量分数大于0.4%的合金钢，焊接性都比较差，一般不宜采用。另外，焊件结构应尽可能选用同一种材料的焊接。

2. 焊缝位置应便于焊接操作

在采用电弧焊或气焊进行焊接时，焊条或焊枪、焊丝必须有一定的操作空间。在埋弧焊时，因为在焊接接头处要堆放一定厚度的颗粒状焊剂，所以焊件结构的焊缝周围应有堆放焊剂的位置。

3. 焊缝应尽量均匀、对称，避免密集、交叉

焊缝均匀、对称可防止因焊接应力分布不对称而产生变形，避免焊缝交叉和过于密集可防止焊件局部热量过于集中而引起较大的焊接应力。

4. 焊缝位置应避免应力集中

由于焊接接头处塑性和韧性较差，又有较大的焊接应力，如果此处又有应力集中现象，则很容易产生裂纹。

5. 焊接元件应尽量选用型材

在焊接结构中，常常是将各个焊接元件组焊在一起。如果能合理选用型材，就可以简化焊接工艺过程，有效地防止焊接变形。

第三章　金属切削加工工艺

第一节　车削加工

一、车削加工特点及应用

（一）工艺范围广

车削加工主要用来加工各种回转体表面以及回转体的端面，还可进行切断、切槽、车螺纹、钻孔、铰孔和扩孔等工作。各种轴类件、盘套类件都要车削加工，这些零件的形状、尺寸、重量相差很大，但是它们都有共同的特点，就是都带有回转表面。车削加工的应用范围如图 3-1 所示。对车床进行适当改装或使用其他附件和夹具，可加工形状更为复杂的零件，还可实现镗削、磨削、研磨、抛光、滚花和绕弹簧等加工。车削加工可以对钢、铸铁、有色金属及许多非金属材料进行加工。

（二）生产率高

车刀刚度好，可选择很大的背吃刀量和进给量。又由于车削加工时，工件的旋转运动一般不受惯性力的限制，可以采用很高的切削速度连续地车削，故生产率高。

（三）生产成本低

车刀结构简单，价格低廉，刃磨和安装都很方便，车削生产准备时间短。

车床价格居中，许多车床夹具已经作为车床附件生产，可以满足一般零件的装夹需要，故车削加工与其他加工相比成本较低。

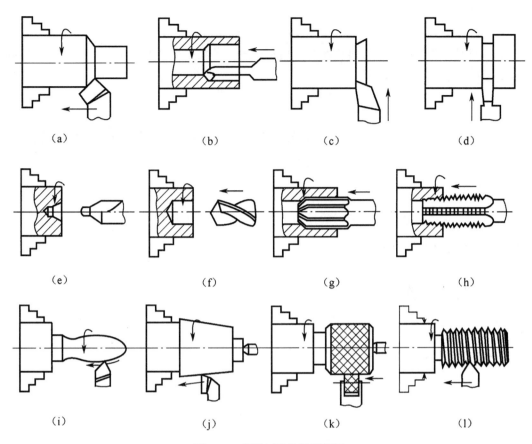

图 3-1 车削加工的应用范围

（a）车外圆；（b）镗孔；（c）车端面；（d）切槽；（e）钻中心孔；（f）钻孔；（g）铰孔；（h）攻丝；
（i）车成型面；（j）车锥面；（k）滚花；（l）车螺纹

（四）高速细车是加工小型有色金属零件的主要方法

对有色金属零件进行磨削时，磨屑往往糊住砂轮，使磨削无法进行。在高精度车床上，用金刚石刀具进行切削，可以获得尺寸公差等级 IT6～IT5，表面粗糙度 Ra 值为 1.0～0.1 μm，甚至还能达到接近镜面的效果。

（五）精度范围大

根据零件的使用要求，车削加工可以获得低、中等和高的加工精度。

1. 荒车

毛坯为自由锻件或大型铸件时，其加工余量很大且不均匀，利用荒车可去除大部分余量，减少形状和位置偏差。荒车精度一般为 IT18～IT15，表面粗糙度 Ra 值大于 80 μm。

2. 粗车

中小型锻件和铸件可直接进行粗车。粗车后的尺寸精度为 IT13~IT11，表面粗糙度 Ra 值为 30~12.5 μm。

3. 半精车

尺寸精度要求不高的工件或精加工工序之前可安排半精车。半精车后的尺寸精度为 IT10~IT8，表面粗糙度 Ra 值为 6.3~3.2 μm。

4. 精车

一般作为最终工序或光整加工的预加工工序。精车后工件尺寸精度可达 IT8~IT7，表面粗糙度 Ra 值为 1.6~0.8 μm。

二、普通车床

(一) 车床的种类

车床的种类很多，按其用途和结构不同，主要可分为卧式车床、立式车床、转塔车床、马鞍车床、多刀半自动车床、仿形车床及仿形半自动车床、单轴自动车床、多轴自动车床及多轴半自动车床等。此外，还有各种专门化车床，如凸轮轴车床、铲齿车床、曲轴车床、高精度丝杠车床等。其中以普通卧式车床应用最为广泛。

(二) CA6140 普通型卧式车床

该车床的主要组成部件和功能如下：

①主轴箱。主轴箱内装有主轴和变速、变向等机构，由电动机经变速机构带动主轴旋转，实现主运动，并获得所需转速及转向，主轴前端可安装卡盘等夹具，用以装夹工件。

②进给箱。进给箱的作用是改变机动进给的进给量或被加工螺纹的导程。

③溜板箱。溜板箱的作用是将进给箱传来的运动传递给刀架，使刀架实现纵向进给、横向进给、快速移动或车螺纹。溜板箱上装有手柄和按钮，可以方便地操作机床。

④床鞍。床鞍位于床身的中部，其上装有中滑板、回转盘、小滑板和刀架。

刀架用以夹持车刀，并使其做纵向、横向或斜向进给运动。它是由大刀架、横刀架（中刀架）、转盘、小刀架和方刀架组成的。方刀架安装在最上方，可以同时装夹四把车刀，能够转动并固定在需要的方位；小刀架可随转盘转动，可手动使刀具实现斜向运动，车削锥面；横刀架（又称小拖板）在转盘与大刀架之间，可以手动或机动使车刀横向进给；大刀架（也称大拖板）与溜板箱连接，沿床身导轨可以手动或机动实现纵向进给。

⑤尾座。尾座安装在床身的尾座导轨上，其上的套筒可安装顶尖或各种孔加工刀具，用来支承工件或对工件进行孔加工。摇动手轮可使套筒移动，以实现刀具的纵向进给，尾座可沿床身顶面的一组导轨（尾座导轨）做纵向调整移动，然后夹紧在所需的位置上，以适应不同长度工件的需要。尾座还可以相对其底座沿横向调整位置，以车削较长且锥度较小的外圆锥面。

⑥床身。床身是车床的基本支承件。车床的主要部件均安装在床身上，并保持各部件间具有准确的相对位置。

（三）立式车床

立式车床的主轴是直立的，主要用于加工径向尺寸大而轴向尺寸相对较小，且形状比较复杂的大型或重型盘轮类零件。

立式车床结构的主要特点是主轴垂直布置，并有一个直径很大的圆工作台供安装工件用。工作台面处于水平位置，故笨重工件的装夹、校正都比较方便。

立式车床有单柱立式车床和双柱立式车床两种。单柱立式车床，它的加工直径较小，一般小于1600 mm。工作台由安装在底座内的垂直主轴带动旋转，工件装夹在工作台上并随其一起旋转，实现主运动。进给运动由垂直刀架和侧刀架实现，垂直刀架可在横梁导轨上移动做横向进给，还可沿刀架滑座的导轨做纵向进给，可车削外圆、端面、内孔等。把刀架滑座扳转一个角度，可斜向进给车削内外圆锥面。在垂直刀架上有一五角形转塔刀架，除安装车刀外还可安装各种孔加工刀具，扩大了加工范围。横梁平时夹紧在立柱上，为适应工件的高度，可松开夹紧装置调整横梁上下位置。侧刀架可做横向和垂直进给，以车削外圆、端面、沟槽和倒角。

双柱立式车床，最大加工直径可达2500 mm以上。其结构及运动基本上与单柱立式车床相似，不同之处是双柱立式车床有两根立柱，在立柱顶端连接顶梁，构成封闭框架结构，有很高的刚度，适用于较重型零件的加工。

在汽轮机、重型电机、矿山冶金等大型机械制造企业的超重型、特大零件加工中，普遍使用的是落地式双柱立式车床。

（四）转塔式车床

转塔式车床也叫六角车床，其结构与普通车床相似，有床身、床头箱、溜板箱、方刀架等。所不同的是转塔式车床没有丝杠，并由六角刀架代替尾座。

虽然普通卧式车床的加工范围广，灵活性大，但其方刀架最多只能安装四把刀具，尾座只能安装一把孔加工刀具，且无机动进给。在用卧式车床加工一些形状较为复杂，特别是带有内孔和内螺纹的工件时，须频繁换刀、对刀、移动尾座以及试切、测量尺寸等，会使其辅助时间延长、生产率降低、劳动强度增大。在批量生产中，卧式车床的这种不足表现尤为突出。为了缩短辅助时间、提高生产效率，在卧式车床的基础上，发展出了转塔式车床。它与卧式车床的主要区别是取消了尾座和丝杠，并在床身尾座部位装有一个可沿床身导轨纵向移动并可转位的多工位刀架，六角刀架上可以装夹六把（组）刀具，既能加工孔，又能加工外圆。转塔式车床在加工前预先调好所用刀具。六角刀架每回转60°，便转换一把（组）刀具。加工中多工位刀架周期地转位，使这些刀具依次对工件进行切削加工。因此，在成批生产、加工形状复杂的工件时，生产效率比卧式车床高。由于安装的刀具比较多，故适用于加工形状比较复杂的小型回转类工件。由于没有丝杠，一般不能车削螺纹，只能用板牙或丝锥加工螺纹。在转塔车床上加工时，需要花费较多的时间来调整机床和刀具，因此，在单件小批量生产中使用受到了限制。

（五）马鞍车床

马鞍车床是普通车床的一种变形车床。它和普通车床的主要区别在于：在靠近主轴箱一端装有一段形似马鞍的可卸导轨。卸去马鞍导轨可使加工工件的最大直径增大，从而扩大加工工件直径的范围。由于马鞍经常装卸，其工作精度、刚度都有所下降。所以这种机床主要用在设备较少的单件小批生产的小工厂及修理车间。

三、车刀

车刀是用于数控车床、普通车床、转塔车床和自动车床的刀具。它是生产中应用最为广泛的一种刀具。

（一）车刀按用途分类

车刀按用途可分为外圆车刀、成型车刀、螺纹车刀等。

（二）车刀按结构分类

车刀按结构可分为整体车刀、焊接车刀、机夹车刀、可转位车刀和成型车刀等。

1. 整体式高速钢车刀

这种车刀刃磨方便，刀具磨损后可以多次重磨。但刀杆为高速钢材料，造成刀具材料的浪费。刀杆强度低，当切削力较大时，会造成破坏。一般用于较复杂成形表面的低速精车。

2. 硬质合金焊接车刀

这种车刀是将一定形状的硬质合金刀片钎焊在刀杆的刀槽内制成的。其结构简单，制造刃磨方便，刀具材料利用充分，在一般的中小批量生产和修配生产中应用较多。但其切削性能受工人的刃磨技术水平和焊接质量的影响，不适应现代制造技术发展的要求。

3. 可转位车刀

可转位车刀包括刀杆、刀片、刀垫和夹固元件等部分。这种车刀用钝后，只需将刀片转过一个角度，即可使新的刀刃投入切削。当几个刀刃都用钝后，更换新的刀片。可转位车刀的刀具几何参数由刀片和刀片槽保证，不受工人技术水平的影响，切削性能稳定，适用于大批量生产和数控车床使用。由于节省了刀具的刃磨、装卸和调整时间，辅助时间减少。同时避免了由于刀片的焊接、重磨而造成的缺陷。

这种刀具的刀片由专业化厂家生产，刀片性能稳定，刀具几何参数可以得到优化，并有利于新型刀具材料的推广应用，是金属切削刀具发展的方向。

此外，还有成型车刀。它是将车刀制成与工件成型面相应的形状后对工件进行加工的刀具。

第二节　铣削加工

一、铣削加工特点及应用

用多刃回转刀具在铣床上对平面、台阶面、沟槽、成形表面、型腔表面、螺旋表面进行切削加工的方法称为铣削加工。它是切削加工的常用方法之一，图 3-2 所示为铣削加工的应用。

一般情况下，铣削时铣刀的旋转为主运动，工件的移动为进给运动。铣削可以完成对工件进行的粗加工和半精加工，其加工精度可达 IT9～IT7，精铣表面粗糙度 Ra 值可达 3.2～1.6 μm。

铣削的工艺特点如下：

（一）生产率较高

铣刀是多刃刀具，铣削时有多个刀刃同时进行切削，总的切削宽度较大。铣削的主运

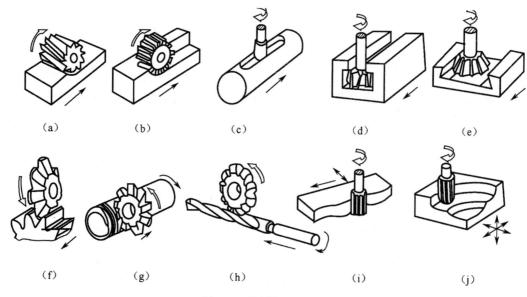

图 3-2　铣削加工的应用

（a）铣平面；（b）铣台阶；（c）铣键槽；（d）铣 T 形槽；（e）铣燕尾槽；（f）铣齿轮；（g）铣螺旋面；（h）铣螺旋面；（i）铣曲面；（j）铣特形槽

动是铣刀的旋转，便于采用高速铣削，所以铣削的生产率较高。

（二）铣削过程不平稳

铣刀的刀刃切入和切出会产生切削力冲击，并引起同时工作刀刃数的变化；每个刀刃的切削厚度是变化的，这将使切削力发生波动。因此，铣削过程不平稳，易产生震动。为保证铣削加工质量，要求铣床在结构上有较高的刚度和抗震性。

（三）散热条件较好

铣刀刀刃间歇切削，可以得到一定程度的冷却，因而散热条件较好。但是，切入和切出时温度的变化、切削力的冲击，将加速刀具的磨损，甚至可能引起硬质合金刀片的碎裂。此外，铣床结构比较复杂，铣刀的制造和刃磨比较困难。

二、铣床

常用的铣床有卧式铣床、立式铣床、工具铣床和龙门铣床等。

（一）卧式铣床

它具有功率大、转速高、刚性好、工艺范围广、操纵方便等优点。这种铣床主要适用于单件小批生产，也可用于成批生产。它的主要部件及其用途如下：

床身是固定与支承其他部件的基础。顶部与前面分别有水平和垂直的燕尾式导轨，与横梁和升降台相配合。床身内还装有电动机、主轴变速箱的变速机构等。床身是保证机床具有足够刚性和加工精度的重要部件。

主轴用来安装与紧固刀杆并带动铣刀旋转。主轴由安装在床身孔中的滚动轴承支承，具有较高的旋转精度，是保证加工精度的重要部件。

在横梁上可以安装吊架，用来支承刀杆外伸端，以增强刀杆刚性。横梁可以在床身顶部导轨上移动，调整伸出长度。

升降台可带动工作台做垂直升降，以调整铣刀与工作台之间的距离。进给变速箱及操纵机构安装在升降台的侧面，可使工作台获得不同进给速度。

纵向工作台横向工作台分别完成纵向进给、横向进给。此外，还有电气控制和冷却润滑系统等。

（二）立式铣床

1. 立式升降台铣床

这类铣床与卧式升降台铣床的区别在于主轴采用立式布置，与工作台面垂直。主轴安装在立铣头内，可沿其轴线方向进给或手动调整位置。立铣头可根据加工要求，在垂直平面内向左或向右在45°范围内回转角度，使主轴与工作台面倾斜成所需的角度，以扩大机床的工艺范围。立式铣床的其他部分，如工作台、床鞍及升降台的结构与卧式升降台铣床相同。

2. 万能回转头铣床

万能回转头铣床结构与卧式升降台铣床的结构极其相似，只是在它的滑座两端分别装上了电动机和万能立铣头，其万能立铣头可做任意方向偏转角度，当工件不同角度位置均须加工时，可在一次装夹中只改变铣刀轴线倾斜方向就能完成加工。

立式铣床是一种生产率比较高的机床，在立式铣床上可安装面铣刀或立铣刀，能加工平面、台阶、斜面、键槽等，还可以加工内外圆弧、T形槽以及凸轮等。

（三）万能工具铣床

这种铣床的特点是操纵方便、精度较高，并备有多种附件，主要适用于工具车间使用。

（四）龙门铣床

龙门铣床是一种大型高效通用机床，它在结构上呈框架式布局，具有较高的刚度及抗震性，在横梁及立柱上均安装有铣削头，每个铣削头都是一个独立的主运动部件，其中包括单独的驱动电机、变速机构、传动机构、操纵机构及主轴等部分。加工时，工作台带动工件做纵向进给运动，其余运动由铣削头实现。

龙门铣床主要用于大中型工件的平面和沟槽加工，可以对工件进行粗铣、半精铣，也可以进行精铣加工。由于龙门铣床上可以用多把铣刀同时加工几个表面，所以它的生产效率很高，在成批和大量生产中得到广泛的应用。

三、铣刀

（一）铣刀的种类

铣刀的种类很多，一般由专业工具厂生产。按刀具材料可分为两大类：高速钢铣刀与硬质合金铣刀。

1. 高速钢铣刀

这类铣刀切削部分的材料是高速钢，其结构有整体的，也有镶齿的。镶齿铣刀的刀齿为高速钢，刀体则为中碳钢或合金结构钢。高速钢铣刀按刀具用途可分为如下几种：

①圆柱铣刀。圆柱铣刀的螺旋形切削刃分布在圆柱表面，没有副切削刃，主要用于卧式铣床上铣平面。螺旋形的刀齿切削时是逐渐切入和脱离工件的，其切削过程比较平稳，一般适用于加工工件上的狭长平面和收尾带圆弧的平面。

②三面刃铣刀。三面刃铣刀由于在刀体的圆周上及两侧环形端面上均有刀刃，故称为三面刃铣刀，也称盘铣刀。它主要用在卧式铣床上，可加工台阶、小平面和沟槽，它的圆柱刀刃担负主要切削作用，端面刀刃担负修光作用。按照刀齿的排列方式可分为直齿、错齿和镶齿。

直齿三面刃铣刀刀刃的整个宽度都同时参加切削，因此，每个刀齿切入和离开工件时，切削力的变动较大，铣削不平稳。但这种铣刀制造和刃磨比较方便。

③锯片铣刀。锯片铣刀用来切断工件，主要用于卧式铣床。它是整体的直齿圆盘铣刀，因为其很薄，所以只有圆柱刀刃。在相同外径下，按照刀齿数量的多少，锯片铣刀分为粗齿和细齿两种。粗齿锯片铣刀的刀齿数量少、容屑槽较大、排屑容易、切削轻快，在切断有色金属和非金属材料时特别应当选用粗齿。锯片铣刀的规格以外径和宽度表示。

还有一种切口铣刀，它的结构和锯片铣刀相同，只是外径小得多，适用于在工件上铣切窄缝。

④立铣刀。立铣刀用来铣削台阶、小平面和沟槽，主要用于立式铣床。立铣刀的柄部

安装在立铣头主轴中，小直径为直柄，大直径为莫氏锥柄。它的圆柱刀刃担负主要切削作用，端面刀刃担负修光作用。

立铣刀也有细齿和粗齿两种。细齿立铣刀刀齿的螺旋角比较小，粗齿立铣刀刀齿的螺旋角比较大。增大刀齿的螺旋角可使切削过程更加平稳，排屑顺利，有利于采用较大的进给量和铣削深度，以提高生产率。

⑤键槽铣刀。键槽铣刀主要用来铣削轴上的键槽。它的外形与立铣刀相似，是带柄的，具有两个螺旋刀齿。它与立铣刀的主要差别是这种铣刀的端面刀刃直至中心，而立铣刀的端面刀刃不到中心。因此，键槽铣刀的端面刀刃也可以担负主要切削作用，做轴向进给，直接切入工件。

还有一种半圆键槽铣刀专门用来加工轴上的半圆键，它的规格以外径和宽度来表示。

⑥角度铣刀。角度铣刀用来加工带有角度的沟槽和小斜面，特别是加工多齿刀具的容屑槽。它分为单角铣刀和双角铣刀两种。双角铣刀又分为对称双角铣刀和不对称双角铣刀。

2. 硬质合金铣刀

端铣刀、三面刃铣刀、立铣刀和键槽铣刀等，其切削部分均可采用焊接或机械装夹的硬质合金刀片，这样就变成了硬质合金铣刀。

①硬质合金端铣刀。目前广泛应用这种铣刀铣削平面，可用于立式铣床，也可用于卧式铣床。它是把硬质合金刀片焊在刀齿上，再用机械方法把刀齿夹固在刀体上。夹固刀齿可采用楔块、螺钉以及螺钉压板等方法。

刃磨这种铣刀可以使用专用磨床或夹具整体刃磨，也可以体外刃磨，即把刀齿拆下来分别刃磨，然后借助于样板或百分表，把各个刀齿的位置安装一致。对于体外刃磨的硬质合金端铣刀，刀体上最好有微量调节刀齿位置的装置。

②不重磨式硬质合金端铣刀。这种铣刀是直接把多边形刀片夹固在刀体上，刀刃磨钝后不再重磨，而是把刀片转过一个角度使用另一个尖角。使用不重磨式硬质合金端铣刀，不但顺利解决了一般工厂中刃磨装配式端铣刀不易保证各刀齿径向跳动和端面跳动的问题，更重要的是刀片没有焊接时所产生的内应力和细小裂纹，因而能采用较大的切削速度和进给量，以提高生产率，同时也节约了刃磨的辅助时间。

③不重磨式硬质合金立铣刀。它是把三角形硬质合金刀片用螺钉压板夹固在刀体的槽中。这种结构简单、紧凑、零件少，但是刀片的定位精度取决于刀体的制造精度。

（二）铣刀的几何参数

虽然铣刀的种类很多、形状不同，但可以归纳为圆柱铣刀和端铣刀两种基本形式，每个刀齿可以看作是绕中心旋转的一把简单刀头。因此，通过对一个刀齿的分析，就可以了解整个铣刀的几何角度。圆柱铣刀的标注角度如图3-4所示。

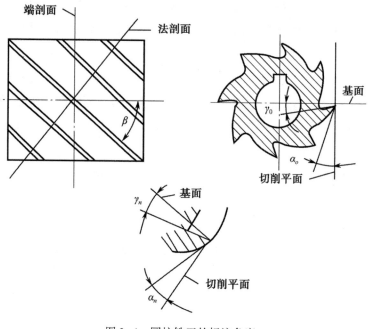

图 3-4　圆柱铣刀的标注角度

圆柱铣刀的正交平面是垂直于铣刀轴线的端剖面，切削平面是通过切削刃选定点的圆柱切平面，因此，刀齿的前角 γ_o 和后角 α_o 都标注在端剖面上。螺旋角 β 相当于刃倾角 λ，当 $\beta=0°$ 时，就是直齿圆柱铣刀。加工铣刀齿槽及刃磨刀齿时都需要铣刀齿槽的法向剖面参数，因此，如果是螺旋槽铣刀，还要标注法向剖面上的前角 γ_n 和后角 α_n 及螺旋角 β。

端铣刀各部分结构及标注角度如图3-5所示。端铣刀的一个刀齿可以看作是一把刀尖向下倒立着车平面的车刀，因此，端铣刀每个刀齿都有前角 γ_o、后角 α_o、主偏角 κ_r 和刃倾角 λ_s 四个基本角度。除此之外，还有副偏角 κ'_r、过渡刃长 b_ε 及过渡刃主偏角 κ_{re} 等。由于端铣刀的每一个齿相当于一把车刀，其各角度的定义可参照车刀确定。

四、铣削加工方式

（一）圆柱铣刀铣削

圆柱铣刀铣削有逆铣和顺铣两种方式。铣刀旋转切入工件的方向与工件的进给方向相反时称为逆铣，相同时称为顺铣。

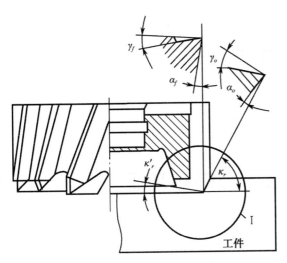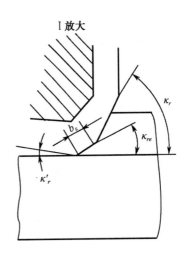

图 3-5 端铣刀各部分结构及标注角度

逆铣时，切削厚度由零逐渐增大，切入瞬时刀刃钝圆半径大于瞬时切削厚度，刀齿在工件表面上要挤压和滑行一段后才能切入工件，使已加工表面产生冷硬层，加剧了刀齿的磨损，同时使工件表面粗糙不平。此外，逆铣时刀齿作用于工件的垂直分力 F_v 朝上，有抬起工件的趋势，这就要求工件装夹牢固。逆铣时刀齿从切削层内部开始工作，当工件表面有硬皮时，对刀齿没有直接影响。

顺铣时，刀齿的切削厚度从最大开始，避免了挤压、滑行现象，并且 F_v 朝下压向工作台，有利于工件的夹紧，可提高铣刀耐用度和加工表面质量。与逆铣相反，顺铣加工要求工件表面没有硬皮，否则刀齿很易磨损。

铣床工作台的纵向进给运动一般由丝杠和螺母来实现，螺母固定不动，丝杠转动并带动工作台一起移动。逆铣时，纵向进给力 F_f 与纵向进给方向相反，丝杠与螺母间的传动面始终贴紧，故工作台进给速度均匀，铣削过程较平稳。而顺铣时，F_f 与进给方向相同，当传动副存在间隙且 F_f 超过工作台摩擦力时，会使工作台带动丝杠向左窜动，造成进给不均，甚至还会打刀。因此，使用顺铣法加工时，要求铣床的进给机构要具有消除丝杠螺母间隙的装置。

（二）端铣刀铣削

用端铣刀铣削平面时，可分为三种不同的铣削方式。

1. 对称端铣

铣刀轴线位于工件的对称中心位置，对称中心两边的顺铣和逆铣相等，切入、切出时的切削厚度相同。一般端铣时常用这种铣削方式。

2. 不对称逆铣

刀齿切入时的切削厚度最小，切出时的切削厚度较大，其逆铣部分大于顺铣部分。

3. 不对称顺铣

刀齿切出时的切削厚度最小，其顺铣部分大于逆铣部分。

第三节　钻削与镗削加工

一、钻削

钻削加工是用钻头或扩孔钻等刀具在工件上加工孔的方法。用钻头在实体材料上加工孔的方法称为钻孔，用扩孔钻扩大已有孔的方法称为扩孔。此外，还可以进行锪孔、锪埋头孔和攻螺纹等工作。

钻削时，钻床主轴的旋转运动为主运动，主轴的轴向移动为进给运动。

（一）钻削特点和应用

①钻头的刚性差、定心作用也很差，因而易导致钻孔时的孔轴线歪斜，钻头易扭断。

②易出现孔径扩大现象。这不仅与钻头引偏有关，还与钻头的刃磨质量有关。钻头的两个主切削刃应磨得对称一致，否则钻出的孔径就会大于钻头直径，产生扩张量。

③钻孔加工是一种半封闭式切削，由于切屑较宽且切屑变形大，容屑槽尺寸又受到限制，所以排屑困难，加工表面质量不高。

④切削热不易传散。钻削时，高温切屑不能及时排出，切削液又难以注入切削区，因此，切削温度较高，刀具磨损加快，这就限制了切削用量的提高和生产率的提高。

由上述特点可知，钻孔的加工质量较差，尺寸精度一般为 IT13～IT11，表面粗糙度 Ra 值为 50～12.5μm。钻孔直径一般小于 80 mm。

钻孔是一种粗加工方法，对精度要求不高的孔，可作为终加工方法，如螺栓孔、润滑油通道孔等。对于精度要求较高的孔，由钻孔进行预加工后再进行扩孔、铰孔或镗孔。

（二）钻床

1. 立式钻床

加工时工件直接或通过夹具安装在工作台上，主轴的旋转运动由电动机经变速箱传动。加工时主轴既做旋转的主运动，又做轴向的进给运动。工作台和进给箱可沿立柱上的导轨调整其上下位置，以适应在不同高度的工件上进行钻削加工。由于在立式钻床上是通过移动工件位置的方法使被加工孔的中心与主轴中心对准，因而操作很不方便，不适用于加工大型零件，生产率也不高。此外，立式钻床的自动化程度一般均较低，故常用于单件、小批生产中加工中小型工件。

2. 摇臂钻床

摇臂钻床是一种摇臂可绕立柱回转和升降，主轴箱又可在摇臂上做水平移动的钻床。工件固定在底座的工作台上，主轴的旋转和轴向进给运动是由电动机通过主轴箱来实现的。主轴箱可在摇臂的导轨上移动，摇臂借助电动机及丝杠的传动，可沿立柱上下移动。立柱由内立柱和外立柱组成，外立柱可绕内立柱做任意角度的回转。由此，主轴很容易地被调整到所需的加工位置上，这就为在单件、小批生产中，加工大而重的工件上的孔带来了很大的方便。

3. 钻头

麻花钻头即标准麻花钻，是钻孔的常用刀具，一般由高速钢制成。

麻花钻主要由柄部（尾部）、颈部和工作部分组成。工作部分包括切削部分和导向部分。

柄部是钻头的夹持部分，有直柄和锥柄两种。锥柄可传递较大的转矩，而直柄传递的转矩较小。通常，锥柄用于直径大于 16 mm 的钻头，而钻头直径在 12 mm 以下的则用直柄。直径介于 12 mm 和 16 mm 之间的钻头，锥柄和直柄均可用。

颈部位于工作部分与柄部之间，钻头的标记（如钻孔直径等）就打印在此处。

导向部分有两条对称的棱边（棱带）和螺旋槽。其中较窄的棱边起导向和修光孔壁的作用，同时也减少了钻头外径和孔壁的摩擦面积；较深的螺旋槽（容屑槽）用来进行排屑和输送切削液。

切削部分担负主要的切削工作。它有两个刀齿（刃瓣），每个刀齿可看作是一把外圆车刀。两个主后刀面的交线称为横刃，它是麻花钻所特有的。横刃上有很大的负前角，会造成很大的轴向力，对切削条件不利。两主切削刃之间的夹角称为顶角（2φ），一般为 $118\pm2°$。

钻孔时，孔的尺寸是由麻花钻的尺寸来保证的。钻出孔的直径比钻头实际尺寸略有增大。

（三）铰刀

铰刀从工件孔壁切除微量金属层，以提高其尺寸精度和降低表面粗糙度值。它适用于孔的半精加工及精加工，也可用于磨孔或研孔前的预加工。由于铰孔时切削余量小，所以铰孔后其公差等级一般为 IT8~IT7，表面粗糙度 Ra 值为 3.2~1.6 μm；精细铰的尺寸公差等级最高可达 IT6，表面粗糙度 Ra 值为 1.6~0.4 μm。铰削不适合加工淬火钢和硬度太高的材料。铰刀是定尺寸刀具，适合加工中小直径孔。在铰孔之前，工件应经过钻孔、扩（镗）孔等加工。

铰刀分为手用铰刀和机用铰刀。手用铰刀为直柄，工作部分较长，导向作用好，可以防止手工铰孔时铰刀歪斜。机用铰刀多为锥柄，可安装在钻床、车床和镗床上铰孔。

铰刀的工作部分包括切削部分和修光部分。切削部分呈锥形，担负主要的切削工作。修光部分用于矫正孔径、修光孔壁，并起导向作用。

铰刀有 6~12 个刀齿，刃带数与刀齿数相同，切削槽浅，刀芯粗大。因此，铰刀的刚度和导向性好。

二、镗削

（一）镗削特点及应用

①刀具结构简单，且径向尺寸可以调节，用一把刀具就可加工直径不同的孔；在一次安装中，既可进行粗加工，又可进行半精加工和精加工；可加工各种结构类型的孔，如盲孔、阶梯孔等，因而适应性广，灵活性大。

②能校正原有孔的轴线歪斜与位置误差。

③由于镗床的运动形式较多，工件放在工作台上，可方便准确地调整被加工孔与刀具的相对位置，因而能保证被加工孔与其他表面间的相互位置精度。

④镗孔质量主要取决于机床精度和工人的技术水平，因而对操作者技术要求较高。

⑤与铰孔相比较，由于单刃镗刀刚性较差，且镗刀杆为悬臂布置或支撑跨距较大，使切削稳定性降低，因而只能采用较小的切削用量，以减少镗孔时镗刀杆的变形和振动。同时，参与切削的主切削刃只有一个，因而生产率较低，且不易保证稳定的加工精度。

⑥不适宜进行细长孔的加工。

综上所述，镗孔特别适合于单件小批生产中对复杂的大型工件上的孔系进行加工。这些孔除了有较高的尺寸精度要求外，还有较高的相对位置精度要求。镗孔精度一般可达 IT9~IT7，表面粗糙度 Ra 值可达 1.6~0.8 μm。此外，对于直径较大的孔（直径大于 80 mm）、内成形表面、孔内坏槽等，镗孔是唯一合适的加工方法。图 3-6 所示为工件在卧式铣镗床上的几种典型加工方法。机床主轴的旋转运动是主运动（n 轴）或平旋盘的旋转运动（n 盘）是主运动；进给运动的方式可根据加工要求，选取镗轴的纵向移动（f_1）、主轴箱的垂直进给（f_2）、工作台的纵向进给（f_3）或者平旋盘上刀架滑板径向进给（f_4）等方式。

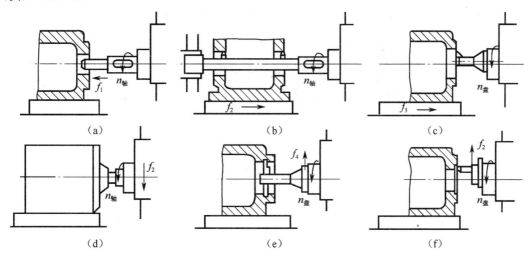

（a）　　　　　　　　（b）　　　　　　　　（c）

（d）　　　　　　　　（e）　　　　　　　　（f）

图 3-6　工件在卧式铣镗床上的几种典型加工方法

（二）镗床

镗床是一种主要用镗刀加工有预制孔的工件的机床。通常，镗刀旋转为主运动，镗刀或工件的移动为进给运动。它适合加工各种复杂和大型工件上的孔，尤其适合于加工直径较大的孔以及内成形表面或孔内环槽。镗孔的尺寸精度及位置精度均比钻孔高。根据用途，镗床可分为卧式铣镗床、坐标镗床、金刚镗床、落地镗床以及数控铣镗床等。

1. 卧式铣镗床

卧式铣镗床的主轴为水平布置并可轴向进给，主轴箱可沿前立柱导轨垂直移动，工作台可旋转并可实现纵、横向进给，在卧式铣镗床上也可进行铣削加工。

卧式铣镗床所适应的工艺范围较广，除镗孔外，还可钻孔、扩孔、铰孔，车削内外螺纹、攻螺纹，车外圆柱面和端面以及用端铣刀或圆柱铣刀铣平面等。如再利用特殊附件和夹具，其工艺范围还可扩大。工件在一次安装的情况下，即可完成多种表面的加工，这对于加工大而重的工件是特别有利的。但由于卧式铣镗床结构复杂，生产率一般又较低，故在大批量生产中加工箱体零件时多采用组合机床和专用机床。

卧式铣镗床的主要参数是主轴直径。

2. 坐标镗床

坐标镗床是指具有精密坐标定位装置的镗床，是一种用途较为广泛的精密机床。它主要用于镗削尺寸、形状及位置精度要求比较高的孔系，还能进行钻孔、扩孔、铰孔、锪端面、切槽、铣削等工作。此外，在坐标镗床上还能进行精密刻度、样板的精密划线、孔间距及直线尺寸的精密测量等。它不仅适用于在工具车间加工精密钻模、镗模及量具等，而且也适用于在生产车间成批地加工孔距精度要求较高的箱体及其他类零件。

坐标镗床有立式和卧式之分。立式坐标镗床适用于加工孔轴线与安装基面（底面）垂直的孔系和铣削顶面，卧式坐标镗床适用于加工孔轴线与安装基面平行的孔系和铣削侧面。立式坐标镗床还有单柱和双柱两种形式。

立式单柱坐标镗床的工件固定在工作台上，坐标位置的确定分别由工作台沿导轨纵向移动和横向移动来实现。此类形式多为中、小型坐标镗床。

立式双柱坐标镗床的两个立柱、顶梁和床身呈龙门框架结构。两个坐标方向的移动，分别由主轴箱沿横梁的导轨做横向移动和工作台沿床身的导轨做纵向移动来实现。工作台和床身之间的环节比单柱式的要少，所以刚度较高。大、中型坐标镗床多采用此种布局。

三、镗刀

镗刀种类一般可分为单刃镗刀、双刃镗刀和镗刀头。

（一）单刃镗刀

单刃镗刀只有一个切削刃，结构简单、容易制造、对刀简便。

在镗床上精镗孔时，为了便于调整镗刀尺寸，可采用微调镗刀。带有精密螺纹的圆柱形镗刀头装入镗刀杆中，导向键起导向作用。带刻度的调整螺帽与镗刀头螺纹精密配合，并以镗杆的圆锥面定位。拉紧螺钉通过垫圈将镗刀头固定在镗杆孔中。镗盲孔时，镗刀头与镗杆轴线倾斜 53°8′。镗刀头上螺纹螺距为 0.5 mm，螺帽刻线为 40 格。螺帽每转 1 格，镗刀在径向的移动量为：

$$\triangle R = 0.5 \ (\sin 53°8′) \ /40 = 0.01 \ （\text{mm}）$$

镗通孔时，刀头若垂直于刀杆轴线安装，可用螺帽刻度为 50 格，当螺帽转 1 格，镗刀在径向的移动量为 $\triangle R = 0.5/50 = 0.01$（mm）。

（二）双刃镗刀

双刃镗刀的两个切削刃对称地分布在镗刀杆轴线的两侧，可以消除切削抗力对镗刀杆变形的影响。

（三）镗刀头

1. 套装镗刀头

使用时，将它装在镗刀杆上。用螺钉通过滑块将镗刀调节到所需要的尺寸，其尺寸精度可从螺钉端面上的游标读出，游标的每一格刻度值为 0.05 mm。此种镗刀头具有分成两半的本体，两半本体是用铰链连接的。使用时，用螺钉将镗刀紧固在镗刀杆的任一位置上。

2. 深孔镗刀头

深孔镗刀头的结构是前后均有导向块，前导向块是由两块硬质合金组成，后导向块由四块硬质合金组成，镗刀尺寸用对刀块调整，其尺寸应当与镗刀头导向尺寸及导向套尺寸一致。前导向块的轴向位置应在刀尖后面 2 mm 左右。刀体的右端加工有内螺纹，用于与刀杆连接。

这种镗刀头的进给方式是采用推镗法和前排屑方式，改变了拉镗方法。拉镗法虽然刀杆受拉力，受力方式较好，但装夹工件与调整镗孔尺寸比较困难，因此，生产效率较低。

第四节　刨削与拉削加工

一、刨削加工

（一）刨削加工特点及应用

刨削是在刨床上用刨刀对工件做水平相对直线往复运动的切削加工方法。其基本工作内容有刨平面、刨垂直面、刨斜面、刨 V 形槽、刨燕尾槽、刨成形表面等。图 3-7 所示为刨削加工的范围。刨削加工的精度一般可达 IT10~IT8，表面粗糙度 Ra 值可达 6.3~1.6 μm。

刨削时，刨刀（或工件）的往复直线运动是主运动；刨刀前进时切下切屑的行程，称为工作行程或切削行程；反向退回的行程，称为回程或返回行程。刨刀（或工件）每次退回后间歇横向移动，称为进给运动。由于往复运动在反向时惯性力较大，限制了主运动的速度不能太高，因此生产率较低。刨床结构简单、通用性好、价格低廉、使用方便，刨刀也简单，故在单件、小批生产及加工狭长平面时仍然广泛应用。

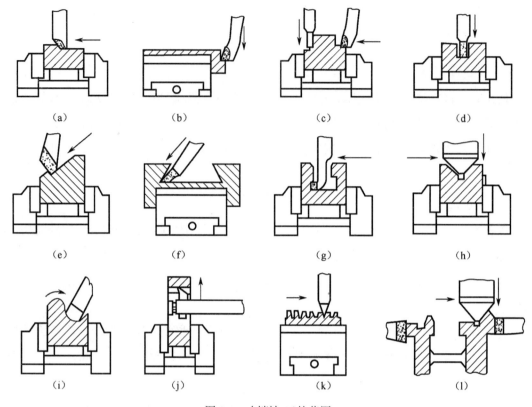

图 3-7 刨削加工的范围

（a）刨平面；（b）刨垂直面；（c）刨台阶面；（d）刨直角沟槽；（e）刨斜面；（f）刨燕尾槽；（g）刨 T 形槽；（h）刨 V 形槽；（i）刨曲面；（j）刨孔内键槽；（k）刨齿条；（l）刨复合表面

因为刨削是间歇切削，速度低，回程时刀具、工件能得到冷却，所以一般不加冷却液。

（二）刨床

1. 牛头刨床

牛头刨床主要用于加工中、小型工件表面及沟槽，刨削长度一般较短，适用于单件加工或小批量生产。因刨削加工过程中有冲击和振动，较难达到很高的加工精度。

牛头刨床主要由床身、滑枕、刀架、工作台、横梁、进刀机构和变速机构等部分组成。

①床身。床身用于安装和连接刨床的部件，顶面有水平导轨，滑枕沿导轨做往复运动，前侧面有垂直导轨，由横梁带动工作台做升降运动。床身内部安装有变速机构和摆杆机构，可以调整滑枕的运动速度和行程长度。

②滑枕。滑枕前端连接刀架，主要用于带动刨刀做直线运动。

③刀架。用于装夹刨刀。

摇动刀架顶部手柄可使刀架做上下移动，通过和手柄连动的刻度盘可准确控制背吃刀量。松开滑板座与转盘的紧固螺母，转动一定的角度，可使刨刀做斜向间歇进给。

④工作台。用于安装工件，可以沿横梁做横向移动，并随横梁一起做升降运动，调整工件位置。

2. 龙门刨床

龙门刨床主要用于加工大型或重型零件上的各种平面、沟槽和导轨面。工件的长度可达十几米甚至更长，也可在工作台上一次装夹多个中、小型零件进行多件加工，还可以用多把刨刀同时刨削，从而大大提高了生产率。大型龙门刨床往往还附有铣头和磨头等部件，以便使工件在一次装夹中完成刨、铣、磨等工作。与普通牛头刨床相比，其形体大、结构复杂、刚性好，加工精度也比较高。

主运动是工作台沿床身的水平导轨所做的直线往复运动。床身的两侧固定有左、右立柱，两立柱顶端用顶梁连接，形成结构刚性较好的龙门框架。横梁上装有两个垂直刀架，可在横梁导轨上沿水平方向做进给运动。横梁可沿左、右立柱的导轨上下移动，以调整垂直刀架的位置，加工时由夹紧机构夹紧在两个立柱上。左、右立柱上分别装有左、右侧刀架，可分别沿立柱导轨做垂直进给运动，以加工侧面。

刨削加工时，返程不切削，为避免刀具碰伤工件表面。龙门刨床刀架夹持刀具的部分设有返程自动让刀装置，通常均为电磁式。龙门刨床的主参数是最大刨削宽度。

3. 插床

插床又称立式刨床，其主运动是滑枕带动插刀所做的上下往复直线运动。

滑枕向下移动为工作行程，向上为空行程。滑枕导轨座可以绕销轴在小范围内调整角度，以便加工倾斜的内外表面。床鞍和溜板可以分别带动工件实现横向和纵向的进给运动，圆工作台可绕垂直轴线旋转，实现圆周进给运动或分度运动。圆工作台在各个方向上的间歇进给运动是在滑枕空行程结束后的短时间内进行的。圆工作台的分度运动由分度装置实现。插床主要用于加工工件的内部表面，如多边形孔或孔内键槽等，有时候也用于加工成型内外表面。

插床加工范围较广，加工费用也比较低，但其生产率不高，对工人的技术要求较高。因此，插床一般适用于在工具、模具、修理或试制车间等进行单件小批量生产。

（三）刨刀

常用刨刀如图3-8所示。由于刨削是断续切削，刨刀切入工件时受到较大的冲击力，因此，刨刀的刀杆比较粗，而且常制成弯头。弯头刨刀除能缓和冲击、避免崩刃外，在受力发生弯曲变形时还不致啃伤工件表面。

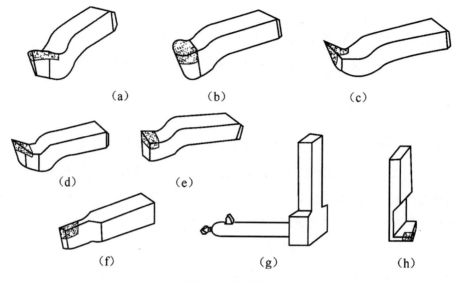

图 3-8　常用刨刀

（a）平面刨刀；（b）成型刨刀；（c）角度偏刀；（d）偏刀；（e）宽刃刀；（f）切刀；

（g）内孔刨刀；（h）弯切刀

二、拉削加工

（一）拉削加工特点

拉削是一种高生产率、高精度的加工方法。拉削时，由于拉刀的后一个（或一组）刀齿比前一个（或一组）刀齿高出一个齿升量，所以拉刀从工件预加工孔内通过时，可把多余的金属一层一层地切去，获得较高的精度和较好的表面质量。

拉削与其他加工方法比较，具有以下特点：

1. 生产率高

拉刀是多齿刀具，同时参加切削的齿数多，切削刃长度大，一次行程可完成粗加工、半精加工和精加工，因此生产率很高。在加工形状复杂的表面时，拉刀效果更加显著。

2. 拉削的工件精度和表面质量好

由于拉削时切削速度很低（一般为 $v_c = 1 \sim 8$ m/min），拉削过程平稳，切削厚度小（一般精切齿齿升量为 $0.005 \sim 0.015$ mm），因此可加工出精度为 IT7、表面粗糙度 Ra 值不大于 0.8 μm 的工件。

3. 拉刀使用寿命长

由于拉削速度低，而且每个刀齿实际参加切削的时间很短，因此，切削刃磨损慢，使用寿命长。拉刀结构比较复杂。

4. 拉削运动简单

拉削只有主运动，进给运动由拉刀的齿升量完成，所以拉床的结构很简单。

（二）拉床

拉床按其加工表面所处的位置，可分为内表面拉床（内拉床）和外表面拉床（外拉床）。按拉床的结构和布局形式，又可分为立式拉床、卧式拉床、连续式（链条式）拉床等。

（三）拉刀

1. 拉刀的种类和应用范围

拉削在工业生产中应用很广泛，可加工不同的内外表面，因此，拉刀的种类也很多。如按加工表面的不同，拉刀可分为内拉刀和外拉刀。

内拉刀用于加工内表面，常见的有圆孔拉刀、方孔拉刀、花键拉刀和键槽拉刀等。一般内拉刀刀齿的形状都做成被加工孔的形状。

外拉刀用于加工外成形表面。在我国，内拉刀比外拉刀应用得更普遍些。

2. 拉刀的结构

①柄部。供拉床夹头夹持以传递动力。

②颈部。连接柄部与其后各部分，也是打标记的位置。

③过渡锥。引导拉刀能顺利进入工件的预制孔中。

④前导部。引导拉刀进入将要切削的正确位置，起导向和定心作用。

⑤切削部。承担全部余量的切除，由粗切齿、过渡齿和精切齿组成。

⑥校准部。由几个直径都相同的校准齿组成，起修光和校准作用，并作为精切齿的后备齿。

⑦后导部。保持拉刀最后的正确位置，防止刀齿切离工件时因工件下垂而损坏已加工表面或刀齿。

⑧支托部。对于又长又重的拉刀，用以支撑并防止拉刀下垂。

（四）拉削方式（拉削图形）

拉刀从工件上把拉削余量切下来的顺序称为拉削方式，一般都用图形来表达，也称拉削图形。

拉削方式可以分为三大类：分层拉削方式、分块拉削方式和综合拉削方式。

1. 分层拉削方式

分层拉削方式是将拉削余量一层一层地按顺序切下的一种拉削方式。其拉刀参与切削的刀刃一般较长，即切削宽度较大，齿数较多，拉刀长度较长。这种切削方式的生产率较低，不适用于拉削带硬皮的工件。分层拉削方式又可分为如下几种：

①同廓拉削方式。按同廓拉削方式设计的拉刀，每个刀齿的廓形与被加工表面最终要求的形状相似。工件表面的形状与尺寸由最后一个精切齿和校准齿形成，故可获得较高的工件表面质量。

②渐成拉削方式。按此方式设计的拉刀，其刀齿廓形与被拉削表面的形状不同，被加工工件表面的形状和尺寸由各刀齿的副切削刃形成。对于加工复杂成形表面的工件，拉刀的制造比同廓拉削方式简单，但在工件已加工表面上可能出现副切削刃的交接痕迹，故加工出的工件表面质量较差。

2. 分块拉削方式

分块拉削方式是指工件上每一层金属是由一组尺寸相同或基本相同的刀齿切去，每个刀齿仅切去一层金属的一部分，前后刀齿的切削位置相互错开，全部余量由几组刀齿顺序切完的一种拉削方式。按分块拉削方式设计的拉刀称为轮切式拉刀，常用的是每组 2～4 齿。

分块拉削方式的优点是切削刃的长度（切削宽度）较短，允许的切削厚度较大，这样，拉刀的长度可大大缩短，也大大提高了生产率，并可直接拉削带硬皮的工件。但是，这种拉刀的结构复杂、制造麻烦，拉削后工件的表面质量较差。

3. 综合拉削方式

综合拉削方式是前面两种拉削方式综合在一起的一种拉削方式。它集中了同廓式拉刀和轮切式拉刀的优点，即粗切齿和过渡齿制成轮切式结构，精切齿则采用同廓式结构。这样可以使拉刀长度缩短，生产率提高，又能获得较好的工件表面质量。我国生产的圆孔拉刀多采用这种结构。

第五节 磨削加工

一、磨削特点及加工范围

磨削加工的工艺范围很广，不仅能加工内外圆柱面、锥面和平面，还能加工螺纹、花键轴、曲轴等特殊的成型面，常见的磨削加工类型如图 3-9 所示。

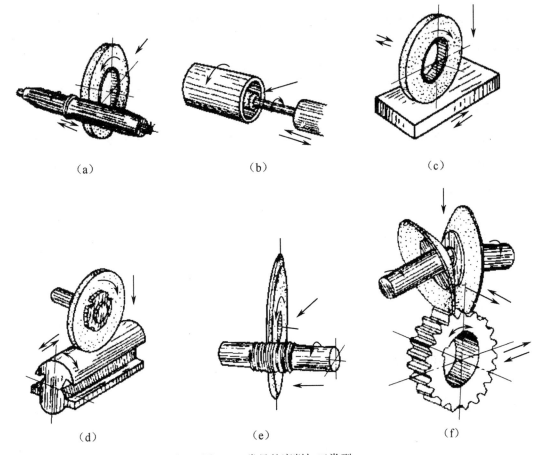

（a）　　　　　　　　　　（b）　　　　　　　　　　（c）

（d）　　　　　　　　　　（e）　　　　　　　　　　（f）

图 3-9　常见的磨削加工类型

（a）外圆磨削；（b）内圆磨削；（c）平面磨削；（d）花键磨削；（e）螺纹磨削；（f）齿形磨削

磨削加工与其他常见的切削加工方法如车、铣、刨削相比，具有以下特点：

1. 加工精度高

磨削属于多刃、微刃切削，砂轮上每个磨粒都相当于一个刃口半径很小且锋利的切削刃，能切下很薄一层金属，可以获得很高的加工精度和低的表面粗糙度。磨削所能达到的经济精度为 IT6~IT5，表面粗糙度 Ra 值一般为 0.8~0.2 μm。

2. 加工范围广，可以加工高硬度材料

磨削不但可以加工软材料，如未淬火钢、铸铁等多种金属，还可以加工一些高硬度的材料，如淬火钢、高强度合金、各种切削刀具以及硬质合金、陶瓷材料等。这些材料用一般的金属切削刀具是很难加工甚至是无法加工的。

3. 砂轮的自锐性

砂轮的自锐性使得磨粒总能以锐利的刀刃对工件连续进行切削，这是一般刀具所不具备的特点。

4. 磨削速度高，切削厚度小，径向切削力大。

5. 磨削温度高。

磨削时，砂轮相对工件做高速旋转，加之绝大部分磨粒以负前角工作，因而磨削时产生大量的切削热。为保证加工质量，磨削时须使用大量的冷却液。

由于以上特点，磨削主要用于对机器零件、刀具、量具等进行精加工，也就是先用其他加工方法去除大部分余量，留下很小的余量由磨削加工去除，以获得较高的精度和很小的表面粗糙度。经过淬火的零件，几乎只能用磨削来进行精加工。

二、磨床

（一）万能外圆磨床

它由下列主要部件组成：

1. 床身

床身用于支撑和连接各部件。其上部装有工作台和砂轮架，内部装有液压传动系统。床身上的纵向导轨供工作台移动用，横向导轨供砂轮架移动用。

2. 工作台

工作台由液压驱动，沿床身的纵向导轨做直线往复运动，使工件实现纵向进给。在工作台前侧面的 T 形槽内装有两个换向挡块，用以控制工作台自动换向，工作台也可手动。

3. 头架

头架上有主轴，主轴端部可以安装顶尖、拨盘或卡盘，以便装夹工件。主轴由单独的电动机通过带传动变速机构带动，使工件获得不同的转动速度。头架可在水平面内偏转一定的角度。

4. 砂轮架

砂轮架用来安装砂轮，并由单独的电动机通过带传动带动砂轮高速旋转。砂轮架可在床身后部的导轨上做横向移动，移动方式有自动间歇进给、手动进给、快速趋近工件和退出。砂轮架可绕垂直轴旋转某一角度。

（二）其他磨床简介

1. 普通外圆磨床

普通外圆磨床的结构与万能外圆磨床基本相同，所不同的是：

①头架和砂轮架不能绕轴心在水平面内调整角度位置。

②头架主轴直接固定在箱体上不能转动，工件只能用顶尖支撑进行磨削。

③不配置内圆磨头装置。

因此，普通外圆磨床的工艺范围较窄，但由于减少了主要部件的结构层次，故机床及头架主轴部件的刚度高，工件的旋转精度好。这种磨床适用于中批量及大批量生产磨削外圆柱面、锥度不大的外圆锥面及阶梯轴轴肩等。

2. 无心磨床

无心磨床通常指无心外圆磨床。

无心磨削的特点是：工件不用顶尖支撑或卡盘夹持，置于磨削砂轮和导轮之间，并用托板支撑定位，工件中心略高于两轮中心的连线，并在导轮摩擦力作用下带动旋转。导轮为刚玉砂轮，它以树脂或橡胶为结合剂，与工件间有较大的摩擦系数，线速度在 $10 \sim 50$ m/min 左右，工件的线速度基本上等于导轮的线速度。磨削砂轮采用一般的外圆磨砂轮，通常不变速，线速度很高，一般为 35 m/s 左右，所以在磨削砂轮与工件之间有很大的相对速度，这就是磨削工件的切削速度。

为了避免磨削出棱圆形工件，工件中心必须高于磨削砂轮和导轮的连心线。这样，就可使工件在多次转动中逐步被磨圆。

无心磨削通常有纵磨法（贯穿磨法）和横磨法（切入磨法）两种。

无心磨床适用于大批量生产中磨削细长轴以及不带中心孔的轴、套、销等零件，它的主参数以最大磨削直径表示。

3. 内圆磨床

内圆磨床有普通内圆磨床、无心内圆磨床和行星内圆磨床等多种类型，用于磨削圆柱孔和圆锥孔。普通内圆磨床比较常用，其主参数以最大磨削孔径的 1/10 表示。

内圆磨削一般采用纵磨法，头架安装在工作台上，可随同工作台沿床身导轨做纵向往复运动，还可在水平面内调整角度位置以磨削圆锥孔。工件装夹在头架上由主轴带动做圆周进给运动。内圆磨砂轮由砂轮架主轴带动做旋转运动，砂轮架可由手动或液压传动沿床鞍做横向进给，工作台每往复一次，砂轮架做横向进给一次。

砂轮装在加长杆上，加长杆锥柄与主轴前端锥孔相配合，可根据磨孔的不同直径和长度进行更换，砂轮的线速度通常在 $15 \sim 25$ m/s 左右。这种磨床适用于单件小批生产。

三、砂轮

（一）砂轮的特性

磨削加工最常用的磨具是砂轮。砂轮是由许多细小而坚硬的磨粒用结合剂黏结而成的多孔体，磨粒、结合剂、网状空隙构成砂轮结构的三要素。磨削时，砂轮工作面上外露的磨粒担负着切削工作。磨粒必须锋利、坚韧，并能承受切削高温。

砂轮的特性包括磨料、粒度、硬度、结合剂、组织、形状和尺寸等方面，对工件的加工质量和生产率影响很大。

1. 磨料

常用磨料（磨粒的材料）有两类：

（1）刚玉类

它的主要成分是 Al_2O_3，适用于磨削钢料及一般刀具。有以下几种：

①棕刚玉（代号 A），显微硬度 2200～2280 HV，呈棕褐色，韧性好，适于磨削碳素钢、合金钢、可锻铸铁和硬青铜等。

②白刚玉（代号 WA），显微硬度 2200～2300 HV，呈白色，硬度高，韧性稍低，适于磨削淬火钢、高速钢、高碳钢及薄壁零件。

③铬刚玉（代号 PA），显微硬度 2000～2200 HV，呈玫瑰红色，硬度稍低，韧性比白刚玉好，磨削表面粗糙度好，适于磨削高速钢、不锈钢等。

（2）碳化硅（SiC）类

它的主要成分是碳化硅、碳化硼，硬度比氧化铝高，磨粒锋利，但韧性差。有以下几种：

①黑色碳化硅（代号 C），显微硬度 2800～3300 HV，呈黑色，有光泽，导热性和导电性好，适于磨削铸铁、黄铜、铝、耐火材料及非金属材料等。

②绿色碳化硅（代号 GC），显微硬度 3280～3400 HV，呈绿色，比黑色碳化硅硬度高，导热性好，但韧性差，适于磨削硬质合金、宝石、陶瓷和玻璃等材料。

2. 粒度

砂轮的粒度是指磨料颗粒的大小。以磨粒刚能通过的那一号筛网的网号来表示磨料的粒度，例如 46 号粒度是指磨粒刚可通过每英寸长度上有 46 个孔眼的筛网。当磨粒的直径小于 40 μm 时，这种磨粒称为微粉，微粉以 W 表示，微粉粒度共有 14 级，每级用颗粒的最大尺寸（以 μm 计）来表示粒度号，例如，W20 表示微粉的颗粒尺寸在 14～20 μm。

磨粒粒度对磨削生产率和加工表面粗糙度有很大关系。一般来说，粗磨用粗粒度，精磨用细粒度。当工件材料软、塑性大且磨削面积大时，为避免堵塞砂轮，应该采用粗粒度。

3. 结合剂

结合剂是将细小的磨粒黏固成砂轮的结合物质，有以下几种：

①陶瓷结合剂（代号 V），它是由黏土、长石、滑石、硼玻璃和硅石等陶瓷材料配成。特点是化学性质稳定、耐水、耐酸、耐热、价廉、性脆。大多数砂轮（90%以上）都采用陶瓷结合剂，所制成砂轮的线速度一般为 35 m/s。

②树脂结合剂（代号 B），它的主要成分为酚醛树脂，也可采用环氧树脂。这种结合剂强度高、弹性好，多用于高速磨削、切断和开槽等工序，也可制作荒磨砂轮、砂瓦等，但耐热、耐蚀性差。

③橡胶结合剂（代号 R），它的主要成分为合成或天然橡胶。这种结合剂的结合强度高、弹性及自锐性好，但耐酸、耐油及耐热性较差，磨削时有臭味，适用于无心磨的导轮、抛光轮及薄片砂轮等。

④金属结合剂（代号 J），这种结合剂强度高、成型性好，有一定韧性，但自锐性差，用于制造各种金刚石砂轮。

4. 组织

砂轮的组织是指磨粒、结合剂和气孔三者体积的比例关系，用来表示结构紧密或疏松的程度。砂轮的组织用组织号的大小表示，把磨粒在磨具中占有的体积百分数称为组织号。

5. 硬度

砂轮的硬度表示磨粒受切削力作用而脱落的难易程度。磨粒不易脱落的，称为硬砂轮；磨粒易脱落的，称为软砂轮。磨削硬材料时，砂轮的硬度应低些，反之应高些。在成型磨削和精密磨削时，砂轮的硬度应更高些。

（二）砂轮选用

1. 按工件材料及其热处理方法选择磨料

工件材料为一般钢材，选用棕刚玉；工件材料为淬火钢、高速钢，可选用白刚玉或铬刚玉；工件材料为硬质合金，可选用人造金刚石或绿色碳化硅；工件材料为铸铁、黄铜，可选用黑色碳化硅。

2. 按工件表面粗糙度和加工精度选择粒度

细粒度的砂轮可磨出光洁的表面，粗粒度则相反，但由于其颗粒粗大，砂轮的磨削效率高，一般常用 46~80$^\text{号}$。粗磨时选用粗粒度砂轮，精磨时选用细粒度砂轮。

3. 砂轮硬度的选择

①磨削很软很韧的材料时，如铜、铝、韧性黄铜、软钢等，为了避免砂轮堵塞，砂轮的硬度也应软一些。

②工件材料硬度高，磨料易磨钝，为使磨钝的磨粒及时脱落，应选较软的砂轮；反之，软材料应选较硬的砂轮。

③精磨时的硬度应比粗磨时的硬度适当高一些，成型磨削为了较好地保持砂轮外形轮廓，应该用较硬的砂轮。

④磨断续表面时，如花键轴、有键槽的外圆等，由于撞击作用容易使磨粒脱落，因此，应选较硬的砂轮。

4. 结合剂的选择

①在绝大多数磨削工序中，一般采用陶瓷结合剂。

②在荒磨和粗磨等冲击较大的工序中，为避免工件发生烧伤和变形，常用树脂结合剂。

③切断与开槽工序中常用树脂结合剂或橡胶结合剂。

第四章 现代机械制造技术

第一节 精密与超精密加工技术

一、精密和超精密加工方法

根据加工方法的机理和特点，精密和超精密加工方法可以分为刀具切削加工、磨料加工、特种加工和复合加工四类。由于精密和超精密加工方法很多，现择其主要的几种方法进行论述。

（一）金刚石刀具的超精密切削

1. 切削机理

金刚石刀具的超精密切削主要是应用天然单晶金刚石车刀对铜、铝等软金属及其合金进行切削加工，以获得极高的精度和极小的表面粗糙度的一种超精密加工方法。它属于一种原子、分子级加工单位去除的加工方法，因此，其机理与一般切削机理有很大的不同。金刚石刀具在切削时，其背吃刀量 a_p 在 1 μm 以下，刀具可能处于工件晶粒内部切削状态。这样，切削力就要超过分子或原子间巨大的结合力，从而使刀刃承受很大的剪切应力，并产生很大的热量，造成刀刃的高应力、高温的工作状态。这对于普通的刀具材料是无法承受的，因为普通材料刀具的切削刃不可能刃磨得非常锐利，平刃性也很难保证，且在高温、高压下会快速磨损和软化。而金刚石刀具却能胜任，因为金刚石刀具不仅具有很好的高温强度和高温硬度，而且其材料本身质地细密，经过仔细修研，刀刃的几何形状很好，切削刃钝圆半径可达 0.01~0.005 μm，其直线度误差极小（0.1~0.01 μm）。

在金刚石超精密切削过程中，虽然刀刃处于高应力、高温环境，但由于其速度很高、进给量和背吃刀量极小，故工件的温升并不高，塑性变形小，可以获得高精度、小表面粗糙度的加工表面。

金刚石刀具的超精密切削是当前软金属材料最主要的超精密加工方法，但用它切削铁碳合金材料时，由于高温环境下刀具上的碳原子会向工件材料扩散，刀刃会很快磨损（即扩散磨损），所以，一般不用金刚石刀具来加工钢铁等黑色金属。这些材料的工件常用立方氮化硼（CBN）等超硬刀具材料进行切削，或用超精密磨削的方法来得到高精度的表面。目前，金刚石刀具的切削机理正在进一步研究之中。

2. 金刚石刀具及其刃磨

金刚石刀具是将金刚石刀头用机械夹持或黏接方式固定在刀体上构成的。金刚石刀头被安装在刀体的槽中，上、下各垫一层 0.1 mm 厚的紫铜片，以防止压紧时刀头破裂，通过螺钉与压板将金刚石固定在刀体上。

金刚石刀具的刃磨是一个关键技术。它的过渡刀刃为直线，由于其调整较为困难，故常用圆弧刃代替。刀具的前角不宜太大，否则易产生崩裂，常取 $\gamma_{\circ}<6°$，后角 $\alpha_{\circ}$ 通常取 6°左右，取主偏角 $\kappa_{r}=30°$，但由于在刀尖两侧各有一个 0.1 mm 的过渡刃，故其实际主偏角为 6°左右。同时还要求前、后面的表面粗糙度极小（Ra 值≤0.01 μm），且不能有崩口、裂纹等表面缺陷。因此，对金刚石刀具的刃磨质量要求非常高。

金刚石刀具的刃磨可采用 320 号天然金刚石粉与 L-AN15 全损耗系统用油配制的研磨剂，在高磷铸铁盘上进行，以红木结构的轴承支承，具有很高的回转精度及精度保持性，并能起到消振的作用。

3. 超精密机床的结构特点

超精密切削机床是保证超精密加工质量的首要条件，应具有高精度、高刚度、高稳定性等特点；同时要有精密的微进给系统，以实现微量切削；另外还要求机床处于极稳定的工作环境（即恒温、超净、防震）。下面将从五个方面简述超精密机床的结构特点。

（1）超精密机床的总体布局

一般超精密机床采用"T"形布局，不用后顶尖，主轴箱带动工件做铅垂方向（z 向）运动，刀架溜板做水平方向（x 向）运动。z 向和 x 向运动分离将有助于提高床身导轨的制造精度和运动精度，也便于 z、x 向运动位置检测系统的安装。大型超精密车床多数制成立式结构。

（2）超精密机床主轴部件

主轴部件是超精密机床保证加工精度的核心。要获得较高的回转精度，主轴结构必须简单又便于加工。由于滚动轴承影响回转精度的因素较多，故绝大多数超精密机床都采用空气轴承主轴部件。空气轴承主轴具有回转精度高（0.05~0.025 μm）、摩擦小、发热少、驱动功率小、振动小等优点，但也存在刚度小、承载能力低的缺点，因而通常用于中小型超精密机床上，大型超精密机床则通常采用液体静压轴承主轴部件。

（3）床身导轨

超精密机床对导轨的要求是运动平稳、运动直线度高。超精密机床的床身和导轨多采用热膨胀系数小、阻尼特性好、尺寸稳定的花岗岩制造。目前超精密机床导轨主要采用空气静压导轨和液体静压导轨，其中空气静压导轨具有移动精度高、摩擦力小、高速运动时发热少等特点，但其刚度、承载能力及抗震性能均较低，多用于小型机床中。液体静压导轨的主要特点是精度高、刚度高、承载能力大，但高速运动时发热大，多用于中大型机床上。

（4）进给驱动系统和微量进给机构

超精密机床对进给驱动系统的总体要求：刚度高、运动平稳、传动无间隙、移动灵敏度高、调速范围宽。超精密机床一般采用分辨率为 $0.01~\mu m$ 的精密数控驱动系统，采用直流或交流伺服电动机通过精密丝杆带动导轨上的运动件。

精密和超精密切削时，要实现 $1~\mu m$ 或更小的微量进给，就必须消除运动件的"爬行"现象。因此，一方面要提高传统进给系统的制造精度，改进结构形式（例如采用步进电动机—滚珠丝杠机构，可使每一脉冲的进给量达 $0.25~1~\mu m$）；另一方面要研究开发高刚度、小间隙、低摩擦和小惯性的微量进给机构。

微量进给机构除了磁致伸缩传动外，还有电致伸缩传动、机械传动、弹性变形传动、热膨胀传动等形式。

（二）精密磨削

1. 精密磨削机理

精密磨削主要是靠砂轮的精细修整，使磨粒具有微刃性和等高性，磨削后，加工表面留下大量极细微的磨削痕迹，残留高度极小。利用微刃的滑挤、摩擦和抛光作用，精密磨削可获得高精度（$1~0.1~\mu m$）和低表面粗糙度（Ra 值为 $0.2~0.025~\mu m$）的加工表面。

2. 精密磨削砂轮及其修整

精密磨削时，磨粒上大量的等高微刃是用金刚石修整工具以极低而均匀的进给速度（$10~15~mm/min$）精细修整得到，砂轮修整是精密磨削的关键之一。精密磨削所用砂轮的选择以易产生和保持微刃为原则。砂轮的粒度可选择粗粒度和细粒度两种，粗粒度砂轮经过精细修整，微刃切削作用是主要的；细粒度砂轮经过精细修整，半钝态微刃在适当压力下与工件表面的摩擦抛光作用比较显著，其加工表面粗糙度值较粗粒度砂轮所加工的要低。

精密磨削砂轮修整方法有单粒金刚石修整、金刚石粉末烧结型修整器修整和金刚石超声波修整等。一般修整时，修整器应安装在低于砂轮中心 0.5~1.5 mm 处，尾部向上倾斜 10~15°，使金刚石受力小，使用寿命长。砂轮修整的规范：修整器进给速度 10~15 mm/min，修整深度 2.5 mm/单行程，修整 2~3 次单行程，光修（无修整深度）1 次单行程。

3. 精密磨床精度及结构

精密磨床应有高几何精度，如主轴回转精度、导轨直线度，以保证工件的几何形状精度要求；应有高精度的横向进给机构，以保证工件的尺寸精度，以及砂轮修整时的微刃性和等高性；还应有低速稳定性好的工作台纵向移动机构，不能产生爬行、振动，以保证砂轮的修整质量和加工质量。由于砂轮修整时的纵向进给速度很低，其低速稳定性对砂轮修整非常重要，是一定要保证的。

影响精密磨削质量的因素很多，除上述分析的砂轮选择及其修整、磨床精度及其结构外，尚有磨削工艺参数选择、工作环境等诸多因素的影响。

（三）超硬磨料砂轮精密和超精密磨削

超硬磨料砂轮目前主要指金刚石砂轮和立方氮化硼（CBN）砂轮，主要用来磨削难加工材料，如各种高硬度、高脆性材料，其中有硬质合金、陶瓷、玻璃、半导体材料及石材等。这些材料的加工一般要求较高，故多属于精密和超精密加工范畴。

1. 超硬磨料砂轮磨削特点

①可用来磨削各种高硬度、高脆性金属和非金属难加工材料，对于钢铁等材料适于用立方氮化硼砂轮来磨削。

②磨削能力强，耐磨性好，耐用度高，易于控制加工尺寸及实现加工自动化。

③磨削力小，磨削温度低，加工表面质量好。

④磨削效率高，加工综合成本低。

现在，金刚石砂轮、立方氮化硼砂轮已广泛用于精密加工，近年来发展起来的金刚石微粉砂轮超精密磨削已日趋成熟，将在生产中推广应用。金刚石砂轮精密和超精密磨削已经成为陶瓷、玻璃、半导体、石材等高硬脆材料的主要加工手段。

超硬磨料砂轮磨削时，也有砂轮选择、机床结构、磨削工艺、砂轮修整和平衡、磨削液等问题，其中砂轮修整问题比较突出，故简要论述如下。

2. 超硬磨料砂轮修整

分析砂轮的修整过程，可以将它分为整形和修锐两个阶段。整形指使砂轮达到一定的几何形状要求，如砂轮出厂时，其几何形状不够精确，故须整形；修锐是去除磨粒间的结合剂，使磨粒突出结合剂一定高度（一般是磨粒尺寸的 1/3 左右），形成足够的切削刃和容屑空间。普通砂轮的修整是整形和修锐合为一步进行，而超硬磨料砂轮的修整由于超硬磨料很硬，修整困难，故分为整形和修锐两步进行。整形要求几何形状和高效率，修锐要求磨削性能。修整机理是除去金刚石颗粒之间的结合剂，使金刚石颗粒露出来，而不是把金刚石颗粒修锐出切削刃。

超硬磨料砂轮的修整方法很多，视不同的结合剂材料而不同，当前有以下几种方法：

①车削法。用单点、聚晶金刚石笔修整，修整精度和效率较高，但砂轮切削能力低。

②磨削法。用碳化硅砂轮修整，修整质量和效率较好，但碳化硅砂轮磨损很快，是目前最广泛采用的方法。

③电加工法。有电解修锐法、电火花修整法等，只适用于金属（或导电）结合剂砂轮，修整效果较好。电解修锐法的效果比较突出，已较广泛地用于金刚石微粉砂轮的超精密加工中，并易于实现在线修锐。

（四）新型研磨抛光方法

近年来，在研磨和抛光方法上出现了许多新方法，如油石研磨、磁性研磨、电解研磨、软质粒子抛光（弹性发射加工等）、浮动抛光、液中研抛、磁流体抛光、挤压研抛、喷射加工、砂带研抛、超精研抛等。现仅举磁性研磨和软质粒子抛光为例进行阐述。

1. 磁性研磨

工件放在两磁极之间，工件和磁极间放入含铁的刚玉等磁性磨料，在直流磁场的作用下，磁性磨料沿磁力线方向整齐排列，如同刷子一般对被加工表面施加压力，并保持加工间隙。研磨压力的大小随磁场中磁通密度及磁性磨料填充量的增大而增大，因此可以调节。研磨时，工件一面旋转，一面沿轴线方向振动，使磁性磨料与被加工表面之间产生相对运动。这种方法可研磨轴类零件内外圆表面，也可用来去毛刺，对钛合金的研磨效果较好。

2. 软质磨粒抛光（包括机械和机械化学抛光）

软质磨粒抛光的特点是可以用较软的磨粒，甚至比工件材料还要软的磨粒（如 SiO_2、ZrO_2）来抛光。它不产生机械损伤，极大地减少了一般抛光中所产生的微裂纹、磨粒嵌入、洼坑、麻点、附着物、污染等缺陷，可获得极好的表面质量。

典型的软质磨粒机械抛光是弹性发射加工（Elastic Emission Machining，简称 EEM），它是一种无接触的抛光方法，是利用水流加速微小磨粒，使磨粒与工件被加工表面产生很大的相对运动，并以很大的动能撞击工件表面的原子晶格，使表层不平处的原子晶格受到很大的剪切力，致使这些原子被移去。

二、微细加工技术

（一）微细加工概念及加工方法

微细加工技术是指制造微小尺寸零件的生产加工技术。从广义的角度讲，微细加工包含了各种传统精密加工方法和一些新的方法，如精密超精密切削加工、精密超精密磨料加工、特种加工等。从狭义上讲，微细加工主要是指半导体集成电路制造技术，因为微细和超微细加工是在半导体集成电路制造技术的基础上形成并发展的，它们是大规模集成电路和计算机技术的基础，是信息时代、微电子时代、光电子时代的关键技术之一。因此，其加工方法多偏重于集成电路制造中的一些工艺，如化学气相沉积、热氧化、光刻、离子束溅射、真空蒸镀及整体微细加工技术。

微小尺寸加工和一般尺寸加工是不同的，其不同点主要表现在以下几个方面：

1. 精度表示方法

一般加工的精度是用加工误差与加工尺寸的比值来表示，这就是精度等级的概念。在微细加工时，由于加工尺寸很小，精度用尺寸的绝对值来表示，即用去除一块材料的大小来表示，从而引入了"加工单位"的概念。在微细加工中，加工单位可以小到分子级和原子级。

2. 微观机理

在一般加工时，由于吃刀量较大，晶粒大小可以忽略而作为一个连续体来看待。微细加工时，由于切屑很小，切削在晶粒内进行，晶粒作为一个个不连续体而被切削，因而常规的切削理论对微细加工不适用。

3. 加工特征

一般加工以获得一定的尺寸、形状、位置精度为加工特征，微细和超微细加工却以分离或结合原子、分子为加工特征，以离子束、电子束、激光束为加工基础，采用沉积、溅射、蒸镀等手段进行各种处理。

微细和超微细加工的方法很多，可以分为切削加工、磨料加工、特种加工和复合加工四类。从方法上看与精密和超精密加工基本一致，但微细和超微细加工对象通常为集成电路，故多是分子、原子单位加工方法，它可以分为：

①分离（去除）：从工件上分离原子或分子，如电解加工、电子束加工、离子束加工和溅射加工等。

②附着（沉积）：在工件表面上覆盖一层物质，如化学镀、电镀、电铸、离子镀、分

子束外延、离子束外延等。

③结合：在工件表面上渗入或注入一些物质，如氧化、氮化、渗碳、离子注入等。

④变形：利用气体火焰、高频电流、热射线、电子束、激光、液流、气流和微粒子束等使工件被加工部位产生变形，改变尺寸和形状，是一种很有前途的微细加工方法。

（二）光刻加工

在微细加工中，光刻加工是其主要加工方法之一，它又称光刻蚀加工或刻蚀加工，简称刻蚀，主要是制作由高精度微细线条所构成的高密度微细复杂图形。光刻加工过程包括如下工序：

1. 预处理

通过抛光、酸洗等方法去除基片氧化膜表面的杂质。

2. 涂胶

把光致抗蚀剂涂敷在已镀有氧化膜的半导体基片上。

3. 曝光

由光源发出的光束，经掩膜在光致抗蚀剂涂层上成像，称为投影曝光，或将光束聚焦形成细小束斑，通过扫描在光致抗蚀剂涂层上绘制图形，称为扫描曝光，两者统称为曝光。常用的光源有电子束、离子束等。

4. 显影与烘片

曝光后的光致抗蚀剂在特定溶剂中把曝光图形显示出来，即为显影，其后进行 $200 \sim 250$ ℃的高温处理以提高光致抗蚀剂的强度，称为烘片。

5. 刻蚀

即利用化学或物理方法，将没有光致抗蚀剂部分的氧化膜除去。刻蚀的方法有化学刻蚀、离子刻蚀、电解刻蚀等。

6. 剥膜与检查

用剥膜液去除光致抗蚀剂称为剥膜。剥膜后进行外观、线条、断面形状、物理性能和电学特性等检查。

（三）集成电路芯片的制造

现以一个集成电路芯片的制造工艺为例来说明微细加工的应用。

1. 外延生长

在半导体晶片表面沿原来的晶体结构晶轴方向通过气相法（化学气相沉积）生长出一

层厚度为 10 μm 以内的单晶层，以提高晶体管的性能。外延生长层的厚度及其电阻率由所制作的晶体管的性能决定。

2. 氧化

在外延生长层表面通过热氧化法生成氧化膜。该氧化膜与晶片附着紧密，是良好的绝缘体，可做绝缘层防止短路和电容绝缘介质。

3. 光刻

即刻蚀，是在氧化膜上涂覆一层光致抗蚀剂，经图形复印曝光（或图形扫描曝光）、显影、刻蚀等处理后，在基片上形成所需要的精细图形，并在端面上形成窗口。

4. 选择扩散

基片经外延生长、氧化、光刻后，置于惰性气体或真空中加热，并与合适的杂质（如硼、磷等）接触，则窗口处的外延生长表面将受到杂质扩散，形成 1～3 μm 深的扩散层，其性质和深度取决于杂质种类、气体流量、扩散时间和扩散温度等因素。选择扩散后就可形成半导体的基区（P 结）或发射区（N 结）。

5. 真空镀膜

在真空容器中，加热导电性能良好的金、银、铂等金属，使之成为蒸气原子而飞溅到芯片表面，沉积形成一层金属膜。完成集成电路中的布线和引线准备，再经过光刻，即可得到布线和引线。

（四）印制电路板制造

1. 印制电路板的结构和分类

印制电路板是用一块板上的电路来连接芯片、电器元件和其他设备的，由于其上的电路最早是采用筛网印刷技术来实现的，因此通常称为印制电路板，也称为印制线路板。印制电路板可分为单面板、双面板和多层板。

单面印制电路板是最简单的，它是在一块厚 0.25～0.3 mm 的绝缘基板上粘一层厚 0.02～0.04 mm 的铜箔而构成。绝缘基板是将环氧树脂注入多层薄玻璃纤维板，然后经热镀、辐压的高温和高压使各层固化并硬化，形成既耐高温又抗弯曲的刚性板材，以保证芯片、电器元件、外部输入输出装置等接口的位置和连接。双面印制电路板是在基板的上、下面均粘有铜箔，这样两面均有电路，可用于比较复杂的电路结构。由于电路越来越复杂，因此又出现了多层电路板，现在已达到 16 层甚至更多。

2. 印制电路板的制造

一块单层印制电路板的制造过程可分以下几个工序：

①剪切。通过剪切得到规定尺寸的电路板。

②钻定位孔。通常在板的一个对角上钻出直径为 3 mm 的两个定位孔，以便以后在不同工序加工时采用一面两销定位，同时加上条形码以便识别。

③清洗。表面清洗去油污，以减少以后加工出现缺陷。

④电路制作。早期的电路制作是先画出电路放大图，经照相精缩成要求大小作为原版，在印制电路板上均匀涂上光致抗蚀剂，照相复制原版，腐蚀不需要的部分，清洗后就得到所需的电路。现在多采用光刻技术来制作电路，微型化和质量均有很大提高。

⑤钻孔或冲孔。用数控高速钻床或冲床加工出通道孔、插件孔、附加孔等。

⑥电镀。由于绝缘基板上加工出的孔是不导电的，因此对于双层板要用非电解电镀（在含有铜离子的水溶液中进行化学镀）方法将铜淀积在通孔内的绝缘层表面上。

⑦镀保护层。如镀金等。

⑧测试。

多层电路板的制造是在单层电路板的基础上进行的，首先要制作单层电路板，再将它们黏合在一起而形成，三层电路板其中有通孔、埋入孔和部分埋入孔等。多层电路板的制造关键技术有：各层板间的精密定位、各层板间的通孔连接等。

三、纳米级加工

（一）纳米级加工的物理实质

纳米级加工的物理实质和传统的切削、磨削加工有很大不同，一些传统的切削、磨削方法和规律已不能用在纳米级加工。欲得到 1 nm 的加工精度，加工的最小单位必然在亚纳米级。由于原子间的距离为 0.1~0.3 nm，纳米级加工实际上已到了加工精度的极限。在纳米级加工中，试件表面的一个个原子或分子将成为直接的加工对象，因此纳米级加工的物理实质就是要切断原子间的结合，实现原子或分子的去除。

各种物质是以共价键、金属键、离子键或分子结构的形式结合形成，在纳米级加工中要切断原子间结合能需要很大的能量密度，约为 $10^5 \sim 10^6$ J/cm^3。传统的切削、磨削实际上是利用原子、分子或晶体间连接处的缺陷而进行加工的，消耗的能量密度较小。用传统的切削、磨削加工方法进行纳米级加工，要切断原子间的结合就相当困难了。因此，直接利用光子、电子、离子等基本能子进行加工，必然是纳米级加工的主要方向和方法。

纳米级加工要求达到极高的精度，使用基本能子进行加工时，如何进行有效的控制以达到原子级的去除，是实现纳米级加工的关键。近年来纳米级加工已有很大的突破，例如用电子束光刻加工大规模集成电路时，已实现 0.1 μm 线宽的加工；离子刻蚀已实现微米级和纳米级表层材料的去除；扫描隧道显微技术已实现单个原子的去除、搬迁、增添和原子的重组。纳米加工技术现在已成为现实的、有广阔发展前景的全新加工领域。

（二）LIGA 技术

LIGA 是它所包括的三种核心工艺，即光刻（Lithographie）、电铸（Galvanoformung）和注塑（Abformung）德文单词的缩写，该技术认为是一种三维立体微细加工的最有前景的新技术，将对微型机械的发展起到很大的促进作用。

LIGA 工艺过程如下：

1. 深层同步辐射 X 射线光刻

将从同步辐射源放射出的具有短波长和很高平行度的 X 射线作为曝光光源，可在最大厚度达 500 μm 的光致抗蚀剂上刻出掩膜图形的三维实体。

2. 电铸

用曝光蚀刻的图形实体作为电铸胎模，利用电沉积法在胎模上沉积金属以形成金属微结构零件。

3. 注塑

将电铸制成的金属微构件作为注射成形的模具，即能加工出所需的微型零件。

由于 X 射线的平行度很高，能使微细图形的感光聚焦深度远比常规光刻法深，一般可达 25 倍以上，因而蚀刻的实体厚度较大，使制出的零件有较大的实用性。另外，X 射线的波长极短（小于 1 nm），可得到极好的解像性能，蚀刻面的表面粗糙度 Ra 值通常为 0.02~0.03 μm，最小能达 0.01 μm。此外，用此法除可制造树脂类零件外，也可在精密注塑成形的树脂零件基础上再电铸得到金属或陶瓷材料的零件。应用 LIGA 工艺可制作直径为 130 μm、厚度为 150 μm 的微型涡轮；也可制作厚度为 150 μm、焦距为 500 μm 的柱面微型透镜，并可获得非常光滑的表面。

目前在 LIGA 工艺中有加工牺牲层的方法，可使获得的微型器件中有部分能脱离母体而移动或转动，这在制造微型电机或其他驱动器时很重要。还有人研究控制光刻时的照射深度，即用部分透光的掩膜，使同一块光刻胶在不同位置曝光深度不同，从而获得的光刻模型可以有不同的高度，用这种方法能够得到真正的三维立体微型器件。

用 LIGA 技术已研制成功或正在研制的产品有微传感器、微电机、微机械零件、集成光学和微光学元件、微型医疗器械和装置、纳米技术元件及系统等，材料可以是金属及其合金、陶瓷、聚合物和玻璃等，刻出的图形侧壁陡峭、表面光滑，是一般常规的微电子工艺无法替代的。它极大地扩大了微结构的加工能力，使得原来难以实现的微机械能够制造出来，但它所要求的同步辐射源费用较高，致使应用受到限制。

（三）扫描隧道显微加工技术

扫描隧道显微镜（Scanning Tunneling Microscope，简称 STM）发明初期是用来测量试件三维微观表面形貌的，在检测技术的实际应用中发现可以通过显微探针操纵试件表面的单个原子，实现原子级的精密加工。

STM 的工作原理主要基于量子力学的隧道效应。当一个具有原子尺度的探针针尖足够接近被加工表面某一原子 A 时，探针针尖原子与 A 原子的电子云相互重叠，此时如在探针与被加工（测量）表面之间施加适当电压，即使探针针尖与 A 原子并未接触，也会有电流在探针与被加工材料间通过，这就是隧道电流。从受力分析考虑，在外加电场作用下，A 原子受到两方面力的作用：一方面是探针针尖原子对原子 A 的吸引力，包括范德华（van der Waals）力和静电力；另一方面是被加工工件上其他原子对 A 原子的结合力。在外界电场作用下，当探针针尖原子与 A 原子的距离小到某一极限距离时，探针针尖原子对 A 原子的吸引力将大于工件上其他原子对 A 原子的结合力，探针针尖就能拖动 A 原子跟随探针在加工表面上移动，实现原子搬迁。控制探针针尖与被移动原子之间的偏压和距离是实现原子搬迁的两个关键参数。

纳米级加工技术正在研究大分子中的原子搬迁、增加原子、去除原子和原子列的重组，这无疑可以按人类需要而制成更多新的材料。蛋白质分子的修改将给纳米生物学开拓出一个广阔的新天地。

第二节 机械制造自动化技术

一、机械制造系统自动化

机械制造系统自动化的目的：①提高或保证产品的质量；②减少人的劳动强度和劳动量，改善劳动条件，减少人为因素的影响；③提高生产率；④减少生产面积和人员，节省能源消耗，降低产品成本；⑤提高对市场变化的响应速度和竞争能力。

机械制造系统自动化可以分为单一品种大批量生产的自动化和多品种小批量生产的自动化两大类，由于两类的特点不同，所采用的自动化手段也不同。

（一）单一产品大批量生产的自动化

产品单一、批量大时，可采用专用设备、专用流水线和自动线等刚性自动化措施来实现，一旦产品变化，则不能适应。通常采用的自动化措施有：①通用机床的自动化改造；②自动机床和半自动机床；③组合机床；④自动生产线（简称自动线）。自动线在汽车、拖拉机和轴承等制造业中应用十分广泛。

（二）多品种小批量生产的自动化

在机械制造业中，大部分工厂企业都是多品种小批量生产，多年来，实现多品种小批量生产自动化是一个难题。由于计算机技术、数控技术、加工中心、工作站、工业机器人等的发展，使这方面已有很大突破，出现了以计算机集成制造系统为代表的机械制造系统自动化。实现多品种小批量生产自动化可以采取以下措施：

1. 成组技术（Group Technology，GT）

在机械加工中成组技术是成组工艺和成组夹具的综合，它是根据零件的几何形状、尺寸等几何特点和工艺特点的相似性进行分组分类，编制成组工艺，设计成组夹具。

2. 数字控制（Numerical Control，NC）

在制造工艺中，数字控制技术主要是用来控制机床的运动，保证工件的尺寸和形位，由于它所控制的运动是以脉冲数量来计算，每一个脉冲信号机床运动部件所移动的距离称为脉冲当量，故称之为数字控制。数字控制技术已经发展成基础技术，不仅可用于机床上，而且可用于机器人等其他机械中。

从数字控制机床的功能方面来看，数控机床有简易型、经济型、全功能型和可进行多种加工并带有自动换刀装置的加工中心。从数字控制系统方面来看，则可分为计算机数字控制（Computer Numerical Control，CNC）和计算机直接数字控制（Direct Numerical Control，DNC）。计算机控制是用单台计算机控制单台机床，目前多用微型计算机数字控制系统，其特点是通用性能好，硬件和软件功能强，工作可靠，维修方便，价格便宜。计算机直接数字控制是用一台计算机以分时方式控制多台机床完成各自不同的工作，故又称群控。计算机直接数字控制已发展为多级的递阶控制。

3. 适应控制（Adaptive Control，AC）

在机械加工（如切削和磨削）中，在线检测加工状态，并及时修正控制参数，以实现加工过程的优化，获得预定的加工目标或效果，这种控制称为适应控制。一个适应控制系统要能进行工作，必须具备判别功能、决策功能和校正功能。加工过程的适应控制可以分为性能适应性控制和几何适应性控制，前者又可分为优化适应性控制和约束适应性控制。

4. 柔性制造系统

它是当前应用得最广泛的制造系统，一般是指可变的、自动化程度较高的制造系统，由多台数控机床或加工中心组成，没有固定的加工顺序和节拍，能在不停机调整的情况下更换工件及夹具，在时间和空间（多维性）上都有高度的可变性。

5. 计算机集成制造系统

又称为计算机综合制造系统，一般它是由以计算机辅助设计（Computer Aided Design，CAD）为核心的产品建模信息系统，以计算机辅助制造（Computer Aided Manufacturing，CAM）为中心的加工、检测、装配自动化工艺系统和以计算机辅助生产管理（Computer Aided Production Management，CAPM）为主的管理信息系统（Management Information System，MIS）所组成的综合体。其中管理信息系统包括生产计划的制订和调度、物资供应计划和财务管理等。集成制造系统是一个产品设计和制造的全盘自动化系统，它强调信息集成和功能集成，进行分级管理和递阶控制。

二、柔性制造系统

（一）特点和适应范围

柔性制造系统一般是由多台数控机床和加工中心组成，并有自动上料和下料装置、仓库和输送系统，在计算机及其软件的集中控制下，实现加工自动化，它具有高度柔性，是一种计算机直接控制的自动化可变加工系统。与传统的刚性自动线相比，有下列突出的特点：

①具有高度的柔性，能实现多种工艺要求不同的同"族"零件加工，实现自动更换工件、夹具、刀具及装夹，有很强的系统软件功能；②具有高度的自动化程度、稳定性和可靠性，能实现长时间的无人自动连续工作（如连续 24 h 工作）；③提高设备利用率，减少调整、准备终结等辅助时间；④具有高生产率；⑤降低直接劳动费用，增加经济收益。

柔性制造系统的适应范围很广，如柔性制造单元、柔性制造生产线都属于柔性制造系统的范畴。柔性制造系统主要解决单件小批生产的自动化，把高柔性、高质量、高效率结合和统一起来，具有很强的生命力，是当前最有实效的生产手段，并逐渐向中大批多品种生产的自动化发展。

（二）柔性制造系统的类型

如上所述，柔性制造系统可分类如下：

1. 柔性制造单元（Flexible Manufacturing Cell，FMC）

它是由单台计算机控制的数控机床或加工中心、环形（圆形或椭圆形）托盘输送装置或工业机器人所组成，采用切削监视系统实现自动加工，不停机就可转换工件进行连续生产。它是一个可变加工单元，是组成柔性制造系统的基本单元。

2. 柔性制造系统（Flexible Manufacturing System，FMS）

它是由两台或两台以上的数控机床、加工中心或柔性制造单元所组成，配有自动输送装置（有轨、无轨输送车或机器人）、工件自动上下料装置（托盘交换或机器人）和自动化仓库，并有计算机综合控制功能、数据管理功能、生产计划和调度管理功能、监控功能等。

3. 柔性制造生产线（Flexible Manufacturing Line，FML）

它是针对某种类型（族）零件的，带有专业化生产或成组化生产的特点。它由多台加工中心或数控机床组成，其中有些机床带有一定的专用性，全线机床按工件的工艺过程布局，可以有生产节拍，但它本质上是柔性的，是可变加工生产线，具有柔性制造系统的功能。

（三）柔性制造系统的组成和结构

柔性制造系统的主要加工设备是加工中心和数控机床，目前以铣镗加工中心（立式和卧式）和车削加工中心占多数，一般多由3~6台组成。柔性制造系统常用的输送装置有输送带、有（无）轨输送车、行走式工业机器人等，也可用一些专用输送装置。在一个柔性制造系统中可以同时采用多种输送装置，形成复合输送网。输送方式可以是线形、环形和网形。柔性制造系统的储存装置可采用立体仓库和堆垛机，也可采用平面仓库和托盘站。托盘是一种随行夹具，其上装有工件夹具（组合夹具或通用、专用夹具），工件装夹在工件夹具上，托盘、工件夹具和工件形成一体，由输送装置输送，托盘装夹在机床的工作台上。托盘站还可暂时存储，配置在机床附近，起缓冲作用。仓库可分为毛坯库、零件库、刀具库和夹具库等，其中刀具库有集中管理的中央刀具库和分散在各机床旁边的专用刀具库两种类型。柔性制造系统中除主要加工设备外，还应有清洗工作站、去毛刺工作站和检验工作站等，它们都是柔性工作单元。

柔性制造系统多由小型计算机、计算机工作站和设备控制装置（如机床数控系统）形成递阶控制、分组管理，其工作内容有以下几方面：

1. 生产工程分析和设计

根据生产纲领和生产条件，对产品零件进行工艺过程设计，对整个产品进行装配工艺过程设计，设计时应考虑工艺过程优化、能适应生产调度变化的动态工艺等问题。

2. 生产计划调度

制订生产作业计划，保证均衡生产，提高设备利用率。

3. 工作站和设备的运行控制

工作站是由若干设备组成的，如车削工作站是由车削加工中心和工业机器人等所组成。工作站和设备的运行控制是指对机床、物料输送系统、物料存储系统、测量机、清洗机等的全面递阶控制。

4. 工况监测和质量保证

对整个系统的工作状况进行监测和控制，保证工作安全可靠，运行连续正常，质量稳定合格。

5. 物资供应与财会管理

使运行的柔性制造系统产生实际技术经济效果，因为柔性制造系统的投资比较大，实际运行效果是必须考虑的。

三、计算机辅助制造

利用计算机分级结构将产品的设计信息自动地转换成制造信息，以控制产品的加工、装配、检验、试验、包装等全过程，以及与这些过程有关的全部物流系统和初步的生产调度，这就是计算机辅助制造（CAM）。

目前，CAM 的应用可以概括为两大类：一类是计算机直接与制造过程连接，以便对制造过程及其设备实施监视和控制，这是 CAM 的直接应用，如 CNC 和 FMS 等；另一类是计算机并不直接与制造过程连接，而是用计算机提供生产计划、进行技术准备、发出各种指令和有关信息，以便使生产资源的管理更为有效，从而对制造过程进行支持，这是 CAM 的间接应用。此时，由人给计算机输入数据和程序，再按照计算机的输出去指导生产。

计算机辅助制造系统的组成可以分为硬件和软件两方面：硬件方面有数控机床、加工中心、输送装置、装卸装置、存储装置、检测装置、计算机等，软件方面有数据库、计算机辅助工艺过程设计、计算机辅助数控程序编制、计算机辅助工装设计、计算机辅助作业计划编制与调度、计算机辅助质量控制等。

随着计算机在上述各部门的广泛应用，人们越来越认识到，单纯孤立地在某个部门用计算机辅助进行各项工作，还远没有发挥计算机控制生产的潜在能力，只有用更高层的计算机将各个环节集中和控制起来，组成更高水平的制造系统，才能取得更大、更全面的经济效益。因此，目前较大规模的 CAM 系统均采用二级或三级计算机分级结构。如用一台微机控制某一单个过程，一台小型计算机负责控制一群微机，再用一台中型或大型计算机负责监控几台小型计算机，这样就形成了一个计算机网络。用这个网络对复杂的生产过程进行监督和控制，同时用来进行诸如零件程序设计和安排作业计划等各种生产准备和管理工作。

计算机辅助制造过程是一个庞大的系统工程。由于计算机的应用几乎已经深入现代制造业的每一个角落，因此，从广义地讲，目前所谈及的制造系统自动化技术都属于计算机辅助制造的范畴。

四、计算机集成制造系统

（一）计算机集成制造系统（CIMS）的基本概念

CIMS 是 20 世纪 70 年代后，在计算机技术、信息技术及自动化制造技术（如 CAD/CAM、FMS 等）的基础上发展起来的，它是将一个工厂中的全部生产活动用计算机进行集成化管理的高柔性、高效益的自动化制造系统，是目前计算机控制的制造系统自动化技术的最高层次。世界各国都投巨资组织研究和开发，我国也已把它列入了 863 高新技术发展计划。

计算机集成制造（CIMS）这个术语虽然已得到公认，但至今并没有一个为大家普遍所接受的定义。1988 年德国国家标准研究所颁布的 DIN 技术报告中，将 CIMS 定义为"是与制造有关的、企业内部和外部所有部门功能的信息处理的综合利用，以获得产品计划和制造所需要的工程功能和组织功能的集成，并借助于适当的接口、数据库和网络，达到信息资源在部门之间的共享"。这就是说，CIMS 是一个信息与知识高度集成的系统，其真谛在于，以计算机来辅助制造系统的集成，即以充分的信息交流或信息共享，促进制造系统或制造企业组织结构的优化及运行优化，以实现产品的订货、设计、制造、管理和销售过程的高度自动化和总体最优化，从而提高企业的竞争能力和生存能力。建立系统的关键在于，必须首先建立一个各功能部门能共享的庞大的数据库系统，并用信息网络将各部门联系起来。因此，CIMS 之新，就新在现代信息技术的应用，以及在这种技术环境下制造系统的新的组织形式和运行方式。

（二）CIMS 的基本组成

CIMS 的主要技术基础是 FMS，但又不同于一般的 FMS，而是集成化的 FMS。作为一个复杂系统的集成，CIMS 必须是有层次的。一般认为，CIMS 可分为五层。

第一层为工厂层，它是决策工厂的整体资源、生产活动和经营管理的最高层。第二层为车间层，又称为区间层，这里的车间并不是目前工厂中"车间"的概念，车间层仅表示它要执行工厂整体活动中的某部分功能，进行资源调配和任务管理。第三层为单元层，这一层将支配一个产品的加工或装配过程。第四层为工作站层，它将协调站内的一组设备。第五层为设备层，这是一些具体的设备，如机床、测量机等，将执行具体的加工、装配或测量任务。

按照上述层级原理组成的 CIMS，一般可看作由管理信息系统，计算机辅助工程系统，生产过程控制与管理系统及物料的储存、运输和保障系统四个子系统和一个数据库组成的大系统。

1. 管理信息系统

这是生产系统的最高层次，是企业的灵魂，它将对生产进行战略决策和宏观管理。它根据市场需求和物资供应等信息，从全局和长远的观点出发，通过决策模型来决定投资策略和生产计划。同时，将决策结果的信息和数据，通过数据库和通信网络与各子系统进行联系和交换，对各子系统进行管理。

2. 计算机辅助工程系统

这是企业产品研究的开发系统，并能进行生产技术的准备工作。它能根据决策信息进行产品的计算机辅助设计，对零件和产品的使用性能、结构、强度等进行分析计算；利用成组技术的方法对零件、刀具和其他信息进行分类和编码，并在此基础上进行零件加工的计算机辅助工艺设计和编制数控加工程序，以及进行相应的工具、夹具设计等生产技术准备工作。

3. 生产过程控制与管理系统

它从数据库中取出由管理信息系统和计算机辅助工程系统中传出的相应的信息数据，对生产过程进行实时控制和管理，并把生产中出现的新信息通过数据库反馈给有关的子系统，如产品质量问题、生产统计数据、废次品率等，以便决策机构做出相应的反应，及时调整生产。

4. 物料的储存、运输和保障系统

这是组织原材料和配件的供应、成品和半成品的管理与输送及各功能部门与车间之间的物流系统。

5. 数据库

CIMS 中的数据库涉及的部门众多，含有不同类型、不同逻辑结构和物理结构的数据及不同的操作语言和不同的定义等。因此，除各部门经常使用的某些信息可由中央数据库统一管理外，一般都在各部门或地区内建立专用的数据库，即在整个系统中建立一个分布式数据库。分布式数据库技术是由数据库技术和计算机网络通信技术相结合而发展起来

的，在 CIMS 中采用这种技术可以有效地实现异机同构、数据共享的要求。

五、智能制造系统

智能制造系统（Intelligent Manufacturing System，IMS）是制造系统的最新发展，也是自动化制造系统的未来发展方向，也就是说，未来的制造系统至少应同时具有智能化和自动化两个主要特征。

（一）智能制造系统的基本概念

智能制造系统是一种由智能机器和人类专家共同组成的人机一体化智能系统，它将人工智能技术融合进制造系统的各个环节中，通过模拟人类专家的智能活动，诸如分析、推理、判断、构思和决策等，取代或辅助制造环境中应由人类专家来完成的那部分活动，使系统具有智能特征。

由于计算机永远不可能代替人（至少目前看来是如此），因此，即使是最高级的智能制造系统，也不可能离开人类专家的支持。从这个意义上讲，有理由认为智能制造系统是由三部分组成的，即

智能制造系统=常规制造系统+人工智能技术+人类专家

因此，智能制造系统是典型的人机一体化系统。

智能制造系统之所以出现，这是由需求来推动的，主要表现在以下五个方面：

①制造系统中的信息量呈爆炸性增长的趋势，信息处理的工作量猛增，仅靠传统的信息处理方式，已远远不能满足需求，这就要求系统具有更多的智能，尽量减少人工干预。

②专业性人才和专门知识的严重短缺，极大地制约了制造业的发展，这就需要系统能存储人类专家的知识和经验，并能自主进行思维活动。根据外部环境条件的变化自动做出适当的决策，尽量减少对人类专家的依赖。

③市场竞争越来越激烈，决策的正确与否对企业的命运生死攸关，这就要求决策人的素质高、知识面全，人类专家很难做到这一点。于是，就要求系统能融合尽可能多的决策人的知识和经验，并提供全面的决策支持。

④制造技术的发展常常要求系统的最优解，但最优化模型的建立和求解仅靠一般的数学工具是远远不够的，要求系统具有人类专家的智能。

⑤有些制造环境极其恶劣，如高温、高压、极冷、强噪声、大振动、有毒等工作环境，使操作者根本无法在其中工作，也必须依靠人工智能技术解决问题。

（二）智能制造系统的特征

与传统的制造系统相比，智能制造系统具有以下特征：

1. 自组织能力

即指智能制造系统中的各种智能设备，能够按照工作任务的要求，自行集结成一种最合适的结构，并按照最优的方式运行。完成任务以后，该结构随即自行解散，以备在下一个任务中集结成新的结构。自组织能力是智能制造系统的一个重要标志。

2. 自律能力

即搜集与理解环境信息和自身的信息，并进行分析判断和规划自身行为的能力。智能制造系统能根据周围环境和自身作业状况的信息进行监测和处理，并根据处理结果自行调整控制策略，以采用最佳行动方案。这种自律能力使整个制造系统具备抗干扰、自适应和容错等能力。

3. 学习能力和自我维护能力

智能制造系统能以原有的专家知识为基础，在实践中不断进行学习，完善系统知识库，并删除库中有误的知识，使知识库趋向最优。同时，还能对系统故障进行自我诊断、排除和修复。这种特征使智能制造系统能够自我优化并适应各种复杂的环境。

4. 人机一体化

智能制造系统不是单纯的"人工智能"系统，而是人机一体化智能系统，是一种混合智能。基于人工智能的智能机器只能进行机械式的推理、预测、判断，它只能具有逻辑思维（专家系统），最多做到形象思维（神经网络），完全做不到灵感思维，只有人类专家才真正同时具备以上三种思维能力。人机一体化方面突出人在制造系统中的核心地位，同时在智能机器的配合下，更好地发挥人的潜能，使人机之间表现出一种平等共事、相互"理解"、相互协作的关系，使二者在不同的层次上各显其能，相辅相成。因此，在智能制造系统中，高素质、高智能的人将发挥更好的作用，机器智能和人的智能将真正地集成在一起，互相配合，相得益彰。

（三）智能制造系统的主要研究领域

理论上，人工智能技术可以应用到制造系统中所有与人类专家有关、须由人类专家做出决策的部分，归纳起来，主要包括以下内容：

1. 智能设计

工程设计，特别是概念设计和工艺设计需要大量人类专家的创造性思维、判断和决策，将人工智能技术，特别是专家系统技术引入设计领域就变得格外迫切。目前，在概念设计和工艺设计领域应用专家系统技术均取得一些进展，但距人们的期望还有很大距离。

2. 智能机器人

制造系统中的机器人可分为两类：一类为位置固定不动的机械手，完成焊接、装配、上下料等工作；另一类为可以自由移动的运动机器人，这类机器人在智能方面的要求更高些。

智能机器人应具有下列"智能"特性：视觉功能，即能够借助于机器人的"眼"看东西，这个"眼"可采用工业摄像机；听觉功能，即能够借助于机器人的"耳"去接受声波信号，机器人的"耳"可以是个话筒；触觉功能，即能够借助于机器人的"手"或其他触觉器官去接受（或获取）触觉信息，机器人的触觉器官可以是各种传感器；语音能力，即能够借助于机器人的"口"与操作者或其他人对话，机器人的"口"可以是个扩音器；理解能力，即机器人能根据接收到的信息进行分析、推理并做出正确决策，理解能力可以借助于专家系统来实现。

3. 智能调度

与工艺设计类似，生产和调度问题往往无法用严格的数学模型描述，常依靠计划人员及调度人员的知识和经验，往往效率很低。在多品种、小批量生产模式占优势的今天，生产调度任务更显繁重，难度也大，必须开发智能调度及管理系统。

4. 智能办公系统

指该系统应具有良好的用户界面，善解人意，能够根据人的意志自动完成一定的工作。一个智能办公系统应具有"听觉"功能和语言理解能力，工作人员只需口述命令，办公系统就可根据命令去完成相应的工作。

5. 智能诊断

系统能够自动检测本身的运行状态，如发现故障正在或已经形成，则自动查找原因，并进行使故障消除的作业，以保证系统始终运行在最佳状态下。

6. 智能控制

能够根据外界环境的变化，自动调整自身的参数，使系统迅速适应外界环境。对于可以用数学模型表示的控制问题，常可用最优化方法去求解。对于无法用数学模型表示的控制问题，就必须采用人工智能的方法去优化求解。

总之，人工智能在制造系统中有着广阔的应用前景，应大力加强这方面的研究。由于受到人工智能技术发展的限制，制造系统的完全智能化实现起来难度很大，目前应从单元技术做起，一步一步向智能自动化制造系统方向迈进。

六、绿色制造

（一）概述

制造业是将可用资源（包括能源）通过制造过程，转化为可供人类使用和利用的工业产品或生活消费品的产业。制造业一方面是制造人类财富的支柱产业，另一方面又产生大量废弃物（物料废弃物、能源废弃物、产品使用终结后的废弃物等）。在生产力高度发展和物质产品空前丰富的今天，世界却面临着令人忧虑的问题：更新换代的加快使得产品使用寿命越来越短，造成数量越来越多的废弃物；资源过快的开发和消耗，造成资源短缺和面临衰竭；环境污染和自然生态的破坏已严重威胁人类的生存条件。如不采取有效措施，后果将不堪设想。有鉴于此，如何使制造业尽可能减少环境污染是当前研究的一个重要方向。

20 世纪 50 年代，制造业广泛采用末端治理技术来治理环境污染，与较早采用的稀释排放相比，末端治理是一大进步，不仅有助于消除污染事件，也在一定程度上缓解了生产活动对环境污染、生态破坏的势头。随着工业化的进一步发展，污染物急剧增加，末端治理也显现出局限性。在末端治理的实施过程中，人们得到了深刻的教训并达成了两个共识：一方面更清楚地认识到制造业及其产品对环境的危害，另一方面也找到了改进这种现状的方向和目标，即减少或消除工业生产对环境污染的根本出路在于实施绿色制造战略。只有在产品的设计和生产制造过程中，不用或少用有毒有害的原材料，在高效利用原材料的同时，减少能源消耗，创造清洁的生产环境，提高废弃余料、半成品和成品的再利用率，才能最终实现绿色制造。

绿色制造（Green Manufacturing，GM）又称为环境意识制造（Environmentally Conscious Manufacturing，ECM）或面向环境的制造（Manufacturing for Environment，MFE），它是一个综合考虑环境影响和资源效率的现代化制造模式，其目标是使产品从设计、制造、包装、运输、使用到报废处理的整个生命周期，对环境的影响（副作用）最小，资源效率最高。

绿色制造的内容包括三部分，即用绿色材料、绿色能源，经过绿色的生产过程（包括绿色设计、绿色工艺技术、绿色生产设备、绿色包装、绿色管理等），生产出绿色产品。绿色制造具有以下几个方面的特点：

1. 具有系统性

与传统的制造系统相比，绿色制造除应保证一般的制造系统功能外，还要求资源和能源利用率最高，废弃物最少，并且尽量减少或消除环境污染。

2. 突出预防性

绿色制造是对产品和生产过程进行综合预防，强调预防为主，通过减少污染物源和保证环境安全的回收利用，使废弃物最小化或消失在生产过程中。

3. 保持适合性

绿色制造必须结合企业产品的特点和工艺要求，使绿色制造目标既符合企业经营发展的要求，又不损害生态环境并保持自然资源的潜力。

4. 符合经济性

通过绿色制造既可节省原材料和能源的消耗，减少废弃物的处理费用，降低生产成本，又能增强市场竞争力。

5. 注意有效性和动态性

绿色制造从末端治理转向对产品及生产过程的连续控制，使污染物最小化或消失在生产过程中，综合运用再生资源、能源、物料的循环利用技术，有效减少对环境的污染。

（二）绿色制造技术

1. 绿色制造技术的类型

绿色制造是未来加工技术的发展方向之一，在具体的物料转化过程中，要充分考虑制造过程中资源消耗和环境影响问题。根据制造系统的实际情况，对制造工艺方法和过程进行优化选择和规划设计，尽量选取物料和能源消耗少、废弃物少、对环境污染小的工艺方案和技术路线，从而减少制造资源的消耗，减小对环境的影响。它的目标是对资源的合理利用和降低对环境造成的污染。根据这两个目标可将绿色制造技术划分为三种类型：节约资源的技术、节省能源的技术和环保型技术。

（1）节约资源的技术

指在生产过程中简化工艺系统组成、节省原材料消耗的工艺技术。它的实现可从设计和工艺两方面着手。在设计方面，通过减少零件数量、减轻零件重量、采用优化设计等方法使原材料的利用率达到最高；在工艺方面，可通过优化毛坯制造技术、优化下料技术、少/无切屑加工技术、干式加工技术、新型特种加工技术等方法来减少材料消耗。

（2）节省能源的技术

指在生产过程中降低能量损耗的工艺技术，可采取的措施如下：

①提高设备的传动效率，减少摩擦与磨损。例如，采用电主轴，消除主传动链传动造成的能量损失；采用滚珠丝杠、滚动导轨代替普通丝杠、滑动导轨，减小运动副的摩擦损失。

②合理安排加工工艺，选择加工设备，优化切削用量，使设备处于满负荷、高效率运

行状态。如粗加工时采用大功率设备，精加工时采用小功率设备。

③改进产品和工艺过程设计，采用先进成型方法，减少制造过程中的能量消耗。例如，零件设计尽量减少加工表面；采用净成型（无屑加工）制造技术，以减少机械加工量；采用高速切削技术，实现以车代磨等。

④采用适度自动化技术。不适度的全盘自动化，会使机器设备结构复杂，运动增加，消耗过多的能量。

（3）环保型技术

指通过一定的工艺技术，使生产过程中产生的废液、废气、废渣、噪声等对环境和操作者有影响或危害的物质尽可能减少或完全消除。目前最有效的方法是在工艺设计阶段全面考虑，积极预防污染的产生，同时增加末端治理技术。

2. 机械加工中的绿色制造技术

在机械加工中，绿色制造技术主要是在切削和磨削上采用干式加工。传统的切削和磨削加工过程中，切削液几乎是不可缺少的，它对保证加工精度、提高表面质量和生产效率具有重要的作用。但随着人们环境保护意识的增强，以及环保法律法规要求的日趋严格，切削液的负面影响逐渐被人们所重视。人们正试图不用或少用切削液，干式加工技术可较好地解决当前的生态环境、技术、经济间的协调与持续发展问题。

干式切削加工有两种方法：完全干式切削加工和准干式切削加工。完全干式切削加工是指在加工过程中不加任何切削液的加工方法，它对刀具材料、机床结构、刀具装夹方式等均有较高的要求，目前应用范围还比较有限。介于完全干式切削与湿式切削二者之间的加工技术称为准干式切削加工（Near Dry Machining，NDM）或最少切削液切削加工（Minimal Quantities of Lubricant，MQL）。由此可见，当切削过程中所用的切削液数量很少时，即为准干式切削加工。准干式切削加工技术可大幅度减小刀具—切屑及刀具—工件间的摩擦，起到降低切削温度、减小刀具磨损和提高加工表面质量的作用。由于所使用切削液的量很少，但效果明显，既提高了生产效率，又不会造成环境污染，对许多工件材料和加工方法而言，准干式切削加工是经济可行的。

干式磨削由于会使磨削液的功能全部丧失，目前在实际加工中应用得还不多，但如果使用热传导性良好的 CBN 砂轮进行低效率磨削，仍可采用干式磨削加工方式。干式磨削加工中较为有效的一种方法就是强冷风磨削。

（三）再制造技术

再制造的含义是指产品报废后，将其进行拆卸和清洗，对其中的某些零件采用表面工程或其他加工技术进行翻新和再加工，使零件的形状、尺寸和性能得到恢复和再利用。

再制造技术是一项对产品全生命周期进行统筹规划的系统工程，其主要研究内容包括产品的概念描述，再制造策略研究和环境分析，产品失效分析和寿命评估，回收与拆卸方法研究，再制造的设计、质量保证与控制、成本分析，再制造综合评价等。

第三节　特种加工技术

一、概述

第二次世界大战后，随着宇航、电子等尖端技术的飞速发展，新型工程材料不断地涌现和被采用，零件的形状日趋复杂，对零件的加工精度和表面质量要求也越来越高，传统的切削加工已经很难，甚至无法胜任这样的加工要求。为了解决这些加工难题，于是各种区别于传统切削加工方法的特种加工先后应运而生。

特种加工是相对传统的切削加工而言的，是指除了车、铣、刨、磨、钻等传统的切削加工之外的一些新的加工方法，是一种利用电能、化学能、热能、光能、声能、电化学能及其复合加工技术，对金属或非金属材料进行加工的方法。目前国内外已采用或正开发研制的特种加工方法有 30 余种，成为制造业中不可缺少的一个组成部分。

特种加工的分类还没有明确的规定，一般按能量和作用原理可分为表 4-1 所示的几种类型。不同的特种加工方法都有其特定的使用场合和规律，选择不当就不能加工或效益很差。因此，须根据加工对象的材料特性和结构特点、加工的经济效益来合理选择。

表 4-1　常用特种加工方法分类

主要能量形式	加工方法	表示符号	对工件材料的适用性
电能、热能	电火花加工	EDM	任何导电材料
	电火花线切割加工	WEDM	
	电子束加工	EBM	任何材料
	等离子弧加工	PAM	
电能、化学能	电解加工	ECM	任何导电材料
电能、化学能、机械能	电解磨削	ECG	
	电解珩磨	ECH	
电能、机械能、光能、热能	离子束加工	IBM	任何材料
	激光加工	LBM	
声能、机械能	超声加工	USM	任何硬脆材料

主要能量形式	加工方法	表示符号	对工件材料的适用性
化学能	化学加工（铣削）	CHM	与化学溶剂作用的材料
光能、化学能	光化学加工	PCM	
液流能、机械能	水射流切割（水刀）	WJC	任何材料
	磨料喷射加工	AJM	

传统切削加工时刀具材料比工件硬，利用机械能把工件上多余的材料切除。但是在工件材料越来越硬、加工表面越来越复杂的情况下，原来行之有效的方法就转化为限制生产率和影响加工质量的不利因素了。在某种场合，特种加工是一般传统切削加工的补充，扩大了机械加工的领域。它具有两个较为突出的特点：①特种加工使用的工具硬度一般小于被加工材料的硬度，如电火花加工、电解加工使用的电极硬度大大低于被加工工件硬度；某些特种加工不需要工具，如激光束、电子束加工是采用激光束、电子束的亮点进行。②加工过程中工具与工件之间不接触或间接接触，因此不存在显著的机械切削力，工件很少产生机械变形和热变形，有助于提高工件的加工精度和表面质量。特种加工的上述特点使它特别适合于难加工材料（硬、脆、软、韧）的加工、复杂的成型零件（异形型腔、小孔、深孔、窄缝等）的加工，以及一些特殊的精密微细加工。

因篇幅所限，以下仅介绍几种特种加工方法。

二、电火花加工

在一定的介质中，通过工具电极和工件电极之间的脉冲放电的电蚀作用，对工件进行加工的方法，称为"电火花加工"（Electrical Discharge Machining，EDM），又称"电蚀加工"。

（一）电火花加工原理

在充满液体介质的工具电极和工件之间的很小间隙上，施加脉冲电压，于是间隙中就产生了很强的电场，使两极间的液体介质在间隙最小处或在绝缘强度最低处，按脉冲电压的频率不断地被电离击穿，产生脉冲放电。由于放电时间很短，且发生在放电区的极小区域上，所以能量密度高度集中（达 $10^6 \sim 10^7$ W/mm^2），放电区的温度可高达 $(1 \sim 1.2) \times 10^4$℃，使工件上的一小部分金属被迅速熔化和气化。由于熔化和气化的速度很高，故带有爆炸性质，在爆炸力的作用下，将熔化了的金属微粒迅速抛出，再被流体介质冷却凝固，并从间隙中冲走。每次放电后，工件表面形成一个小圆坑，放电过程多次重复进行，大量小圆坑重叠在工件上，材料被蚀除。随着工具电极不断进给，工具电极的轮廓尺寸就被精确地"复印"在工件上，达到尺寸和形状加工的目的。

（二）电火花加工工艺特点

①由于电火花加工是利用极间火花放电时产生的电腐蚀现象，靠高温熔化和气化金属进行蚀除加工的，因此，可以使用较软的紫铜等工具电极，对任何导电的难加工材料（如硬质合金、耐热合金、淬火钢、不锈钢、金属陶瓷、磁钢等，用普通方法难以加工或无法加工）进行加工，达到以柔克刚的效果。

②由于电火花加工是一种非接触式加工，加工时不产生切削力，不受工具和工件刚度限制，因而有利于实现微细加工，如薄壁、深小孔、盲孔、窄缝及弹性零件等的加工。

③由于电火花加工中不需要复杂的切削运动，因此有利于异形曲面零件的表面加工。而且，由于工具电极的材料可以较软，因而工具电极较易制造。

④尽管放电温度较高，但因放电时间极短，所以加工表面不会产生厚的热影响层，因而适于加工热敏感性很强的材料。

⑤脉冲电源的电脉冲参数调节及工具电极的进给等，均可通过一定措施实现自动化，这使得电火花加工与微电子、计算机等高新技术的渗透与交叉成为可能。目前，自适应控制、模糊逻辑控制的电火花加工已经开始出现和应用。

⑥电火花加工时，工具电极会产生损耗，这会影响加工精度。

（三）电火花加工应用

由于上述特点，电火花加工非常适合模具制造工业，因此电火花加工中90%以上都用于模具制造。冲模是生产上常见的模具，由于形状复杂、尺寸精度高，尤其是凹模用一般机械加工十分困难，甚至不可能，靠钳工手艺制作，劳动量大、耗费时间长、不易保证质量，热处理又易变形和断裂。电火花加工能很好地解决这些问题，还能加工硬质合金冲模。型腔模（包括锻模、压铸模、挤压模等）用切削方法加工几乎不可能，采用电火花加工则比较方便。

电火花加工按其加工方式和用途不同，大致可分为电火花成形加工、电火花线切割加工、电火花磨削加工、电火花同步回转加工、电火花表面强化与刻字五大类，其中尤以电火花成形加工和电火花线切割加工的应用最为广泛。

三、电火花线切割加工

（一）线切割原理

电火花线电极切割加工（Wire Cut EDM，WEDM）简称"线切割"，其基本原理与电火花加工相同，属同一范畴，不同之处是工具电极由一根移动的钼丝（φ0.02～0.15 mm）所代替，工件靠 x、y 两坐标移动来加工出平面图形。线切割加工原理如图 4-1 所示，在工具电极钼丝与工件上接通脉冲电源，电极钼丝穿过工件上预先钻好的小孔，经导轮由储丝筒带动往复交替地走丝。放置工件的工作台在 x、y 两个坐标方向分别安装有步进电机，通过数字控制按所要求的轨迹运动，将工件切割成所需要的形状。

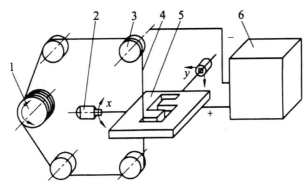

图 4-1　线切割加工原理图

1-储丝筒；2-工作台驱动电机；3-导轮；4-电极钼丝；5-工件；6-脉冲电源

（二）线切割工艺特点

电火花线切割加工与电火花电极工具加工相比较，具有如下特点：

①省掉了成形工具电极，大大降低了电极的设计和制造费用，缩短了生产准备时间，这对多品种、小批量生产十分有利。

②由于电极丝比较细，所以可加工微细的异形孔、窄缝和复杂形状的工件。

③由于切缝很窄，且只对工件材料进行图形的轮廓加工，蚀除量很少，在同样的电参数下，可比电火花成形加工获得较高的生产率。而且有些割下的余料还可以利用，这对加工贵金属有重要意义。

④由于采用移动的长金属丝进行加工，使单位长度金属丝的损耗减少，从而对加工精度影响小。特别在低速走丝线切割加工时，电极丝采用铜丝仅使用一次，电极损耗很小，可加工出精度很高的零件。

⑤自动化程度高。大多采用数控编程，操作使用方便，工人劳动强度低，易于实现微机控制。

⑥不能加工盲孔类零件，对阶梯面（立体成形面）等的加工较为困难。

（三）线切割应用

1. 加工模具

适用于各种形状的冲模，调整不同的间隙补偿量，只需一次编程就可以切割凸模、凸模固定板、凹模及卸料板等，还可加工挤压模、粉末冶金模、弯曲模、拉丝模、塑料模、冷拔模等通常带有锥度的模具。

2. 加工电火花成形加工用的电极

如一般穿孔加工的电极及带锥度型腔加工的电极，对于银钨合金之类的材料，用线切割加工特别经济，同时也适用于微细复杂形状的电极加工。

3. 加工零件

在试制新产品时，用线切割在板料上可直接割出零件，例如切割特殊微电机硅钢片转子铁芯、特殊蝶形弹簧片等。由于不需要另行制造模具，所以可极大地缩短制造周期，降低成本。

四、电解加工

（一）电解加工原理

利用金属工件在电解液中所产生的"阳极溶解"作用而进行加工的方法，称为电解加工（Electro-chemical Machining，ECM）。加工时工件接在直流电源的正极（称为工件阳极），工具接在直流电源的负极（称为工具阴极），两极之间的直流电压通常为 $5 \sim 25$ V，保持 $0.05 \sim 1$ mm 的间隙距离。电解液通常采用 $10\% \sim 20\%$ 的 NaCl 或 NaNO$_3$ 水溶液，由电解液泵输送（压力为 $0.5 \sim 2$ MPa），从两极间隙中快速流过。此时，作为阳极的工件金属逐渐电解腐蚀，电解的产物被电解液冲走，脏的电解液集中后，经离心分离器、过滤器清洁处理后再使用。

电解加工开始时，因工件形状与工具形状不同，电极之间间隙不相等。间隙小的地方电场强度高，电流密度大，电解液流速也高，工件在此处溶解速度快；而在工具与工件间隙较大处，加工速度就慢。工具电极不断向下进给，直到工具的形状"复印"到工件上，从而使工件达到要求的形状与尺寸。

（二）电解加工工艺特点

①加工范围广，不受金属材料本身硬度、强度和韧性的限制；凡是能导电的材料均可进行电解加工，如硬质合金、淬火钢、不锈钢、耐热合金等难加工的材料。

②生产效率高，约为电火花加工的 $5 \sim 10$ 倍。在某些情况下，如加工叶片、锻模等复杂型面时，比切削加工的生产率还要高。

③由于加工过程中不存在机械切削力和电火化加工时的热效应，所以加工表面不产生

残余应力和变形，并且加工表面边缘没有飞边毛刺，加工表面粗糙度 Ra 值小于 1 μm。

④加工过程中阴极工具在理论上不会损耗，可长期使用。电极材料可用铜或钢制成，一个工具电极可加工成千上万个零件。

⑤电解加工可达表面粗糙度 Ra 值为 1.25～0.32 μm，比电火花加工的表面粗糙度值小。但电解加工不易达到较高的精度和加工稳定性，这一方面是由于阴极的设计、制造和修正比较困难；另一方面是影响电解加工间隙稳定性的参数很多，控制比较困难。

⑥电解加工的附属设备比较多，机床造价较高。另外，电解产物须妥善处理，电解加工中释放出的氯气对环境污染比较大，对设备和人员有害。近年来采用硝酸钠非线性电解液代替氯化钠电解，可提高加工精度和减少机床的腐蚀。

（三）电解加工应用

电解加工是继电火花加工之后发展较快、应用较广的一项新工艺，目前已用于枪炮的膛线，航空发动机的叶片，汽车、拖拉机等机械制造业中的模具和难加工材料的加工。此外，还可用于表面抛光、去毛刺、刻印、制作标牌、磨削、布磨等方面。

五、激光加工

（一）激光加工（Laser Beam Machining，LBM）基本原理

激光是 20 世纪 60 年代出现的一种新光源，是一种亮度高、方向性佳、单色性好的相干光。通过光学系统把激光束聚焦成一个极小的光斑（直径仅几微米或几十微米），使光斑处获得 $10^8 \sim 10^{10}$ W/cm² 的功率密度，产生 10 000℃ 以上的高温，从而能在千分之几秒甚至更短的时间内使被加工物质熔化和气化，或改变物质的性质，以达到工件蚀除或使材料局部改性的目的。

实现激光加工的设备主要由激光器、电源、光学系统和机械系统等组成。其中，激光器是最重要的部分，按所使用的工作物质种类，激光器可分为固体激光器、气体激光器、液体激光器和半导体激光器。激光加工中应用较广泛的是固体激光器和液体激光器。

目前，激光加工的机理还不十分清楚。但从试验研究来看，光能被集中照射在工件表面，同时也开始热扩散，使斑点周围的金属熔化。随着激光能量的继续吸收，凹坑中的金属气化并迅速膨胀，压力突然增大，熔化物被爆炸性地高速喷射出来。高速喷射所产生的反冲压力，又在工件内部形成一个方向性很强的冲击波。工件材料在高温熔化和冲击波的作用下，蚀除了部分物质，工件表层留下一个具有一定锥度的小孔，从而实现打孔、蚀刻

和切割。当采用较小的能量密度时，使加工区域材料熔融黏合，可对工件进行焊接。

（二）激光加工工艺特点

①适用范围广，几乎对所有的金属材料和非金属材料都可以进行激光加工（不像电火花与电解加工那样要求被加工材料具有导电性）。高硬合金、耐热合金、陶瓷、石英、金刚石等脆硬材料都可采用激光加工。

②激光能聚焦成极细的光束，输出功率可以调节，因此可用于精密微细加工。

③加工所用工具是激光束，属于非接触加工，所以无明显的机械力，也无工具损耗等问题；还能通过透明体进行加工，如对真空管内部进行焊接加工等。

④激光加工速度快、热影响区小，而且容易实现加工过程自动化，便于与机器人、自动检测系统、计算机数字控制等先进技术相结合。

⑤激光加工是一种热加工，影响因素很多，因此精密微细加工时的精度，尤其是重复精度和表面粗糙度不易控制，必须进行反复试验，寻找合理的参数。另外，由于光的反射作用，对于光泽表面或透明材料的加工，必须预先进行色化或打毛处理。

⑥激光加工设备复杂，一次性投资较大。

（三）激光加工应用

1. 激光打孔

几乎所有的金属材料和非金属材料都可以用激光打孔，特别是对坚硬材料可进行微小孔加工（$\varphi 0.01 \sim 1$ mm），孔的深径比可达 $50 \sim 100$，也可加工异形孔。激光打孔已经广泛应用于金刚石拉丝模、宝石、轴承、陶瓷、玻璃等非金属材料、硬质合金和不锈钢等金属材料的小孔加工。

2. 激光切割

采用激光可对许多材料进行高效的切割加工，切割速度一般超过机械切割。对金属材料切割厚度可达 10 mm 以上，对非金属材料则可达几十毫米。切缝宽度一般为 $0.1 \sim 0.5$ mm。激光切割切缝窄、速度快、热影响区小、省材料、成本低。不仅可以切割金属材料，还可以切割布匹、木材、纸张、塑料等非金属材料。

3. 激光焊接

利用激光的能量把工件上加工区的材料熔化使之黏合在一起。激光焊接速度快、无焊渣，可实现同种材料、不同种材料甚至金属与非金属的焊接，用于集成电路、晶体管元件等的微型精密焊接。

4. 激光热处理

通过激光束的照射，使金属表面原子迅速蒸发，产生微冲击波，导致大量晶格缺陷形成，实现表面的硬化。采用激光热处理不需要淬火介质，硬化均匀，变形小，速度快，硬化深度可精确控制。

六、超声波加工

（一）超声波加工基本原理

人耳对声音的听觉范围为 $16\sim16\,000$ Hz 的声波。频率低于 16 Hz 的振动波称为次声波，频率超过 16 kHz 的振动波称为超声波。加工用的超声波频率为 $16\sim25$ kHz。

超声波加工（Ultrasonic Machining, USM）是利用产生超声波振动的工具，带动工件和工具间的磨料悬浮液，冲击和抛磨工件的被加工部位，使其局部材料破坏而成为粉末，以进行穿孔、切割和研磨等加工。

加工时，在工具和工件之间加入液体（水或煤油等）和磨料混合的悬浮液，并使工具以很小的力 F 轻轻压在工件上。超声波换能器产生 16 kHz 以上的纵向振动，并借助于变幅杆把振幅放大到 $0.05\sim0.1$ mm，驱动工具端面做超声波振动，迫使工作液中的悬浮液磨料以很大的速度和加速度，不断地撞击、抛磨加工表面，把表面材料粉碎成微粒打击下来。虽然每次打击下来的材料很少，但由于每秒打击的次数多达 1.6×10^4 次以上，所以仍具有一定的加工速度。与此同时，工作液受工具端面的超声振动作用而产生的高频、交变的液压正负冲击波和"空化"作用，促使工作液钻入被加工材料的微裂缝处，加剧了机械破坏作用的效果。所谓"空化"作用，是指当工具端面以很大的加速度离开工件表面时，加工间隙内形成的负压和局部真空，在工作液体内形成很多微空泡；当工具端面以很大的加速度接近工件表面时，空泡闭合，引起极强的液压冲击波，可以强化加工过程。此外，循环流动的工作液不断带走加工碎屑，同时也使得加工区域的磨料不断得到更新。随着工具的不断进给，上述加工过程持续进行，工具的形状便被"复印"到工件上，直至达到所要求的尺寸和形状为止。

（二）超声波加工工艺特点

1. 可加工任何材料

被加工材料受到的是磨粒和液体分子的连续冲击、抛磨和空化作用，所以该方法适合加工高熔点的硬质合金、淬火钢等金属硬脆材料，并且特别适合电火花和电解无法加工的非导电材料，如宝石、陶瓷、玻璃和锗、硅等各种半导体材料。

2. 加工精度高、表面质量好

由于材料的去除是靠极小粒度磨料和水分子的瞬时局部撞击作用，因此，工件表面的宏观切削力、切削应力和切削热均很小，不会引起残余应力及烧伤等现象。而且，由于工件的被加工过程是上述微去除过程的叠加，因此加工表面粗糙度值较小，Ra 值可达 0.1 μm，加工精度可达 0.01 mm。

3. 加工设备简单

由于被加工出的工件形状是工具形状的"复印"，而工具可用软的材料制成较复杂的形状，因此不需要工具与工件之间做比较复杂的相对运动即可完成诸如异形孔、雕刻花纹及图形的加工。

4. 超声波加工效率不高

对导电材料的加工效率远不如电火花与电解加工，对软质材料及弹性大的材料，加工较为困难。

（三）超声波加工应用

目前，在各工业部门中，超声波加工主要用于硬脆材料的孔加工、套料、切割、雕刻及研磨金刚石拉丝模等。此外，在加工硬质金属及贵重脆性金属材料时，利用工具做超声振动，辅以其他加工方法（如切削加工或电加工）进行复合加工，可减小切削力、减小表面粗糙度值、延长刀具使用寿命、提高生产率。超声车削时，超声频电振荡通过换能器和变幅杆使刀具在工件切削点位置的切向产生一定频率和振幅的振动，从而改变了刀具与工件表面的相互作用条件：当刀尖振动位移与工件表面旋转方向相反时，提高了实际切削速度及车刀实际前角，有利于减小切削力，改善切屑形成条件；当刀尖振动位移与工件表面旋向同向时，刀尖瞬时脱离加工表面，使相对净切削时间减少，从而有利于刀具和工件表面的冷却润滑，提高加工表面质量。

另外，超声波还可用于超声清洗、超声焊接、超声测距和探伤等。

七、电子束加工

（一）电子束加工原理

电子束加工（Electron Beam Machining，EBM）是在真空状态下，利用高速电子的冲击动能转化成局部热能而对材料进行加工。在真空状态下，利用电能将阴极（钨丝）加热到 2700℃ 以上，发射出电子并形成电子云，在阳极吸引下，使电子朝着阳极方向加速运动。经聚焦后，得到功率密度极高（可达 $10^9 \, \text{W/cm}^2$），直径仅为几微米的电子束，它以极高的速度作用到被加工部件的表面上，使被加工部位的材料在极短的时间（几分之一微秒）内温度迅速升高到几千摄氏度的高温，从而把局部材料瞬时熔化或气化掉，实现去除加工。

（二）电子束加工工艺特点

①由于电子束可聚集极高的能量密度，因此，其加工范围相当广泛，几乎可对任何金属导体、半导体和非导体材料进行加工。

②由于电子束流可聚成几微米甚至几分之一微米的小斑点，因此加工面积可以很小，能加工微孔、窄缝、半导体集成电路等。

③电子束加工是一种非接触式加工，加工过程中工件不受机械力作用，因此，不产生宏观应力和变形，而且加工过程中不存在工具损耗问题。

④可以通过磁场和电场对电子束的强度、位置、聚焦等进行直接控制，整个加工过程容易实现自动化。而且，利用电子束在磁场中的偏转原理，可使电子束在工件内部偏转，从而加工弯孔和自由曲面。

⑤因电子束流可以分割成多条细束，可以实现多束同时加工，一秒钟可以加工出数千个小孔，从而极大地提高了生产率。

⑥由于电子束加工是在真空中进行的，因而产生污染少，加工表面在高温时也不易氧化，特别适于加工易氧化材料及纯度要求较高的半导体材料。

⑦电子束加工需要一套专用设备和真空系统，价格较贵。

（三）电子束加工应用

电子束打孔已在生产中实际应用。据报道，目前电子束微加工的最小孔径可达 0.001~0.003 mm，加工的尺寸精度可达 0.01~0.0001 nm，孔的深径比为 30 以上，以加工不锈钢、耐热钢、宝石、拉丝模的锥孔及微型孔、弯孔、弯缝最为适宜。例如，在 0.1mm 厚的不锈钢板上加工 φ0.2 mm 的孔，速度为 3000 孔/s；在人造革、塑料上用电子束打大量微孔，可使其具有如真皮革那样的透气性。此外，电子束还可用于刻蚀制版、难熔金属（如钽、铌、钼等）和化学性能活泼金属（如钛、锆、铀等）的焊接及电子束热处理等。

八、离子束加工

（一）离子束加工原理

离子束加工（Ion Beam Machining，IBM）原理与电子束加工类似，也是在真空条件下，把氩（Ar）、氪（Kr）、氙（Xe）等惰性气体，通过离子源产生离子束并经过加速、集束、聚焦后，投射到工件表面的加工部位，以实现去除加工。所不同的是离子是带正电荷的，其质量比电子的质量大千万倍，例如最小的氢离子，其质量是电子质量的1840倍，氯离子的质量是电子质量的7.2万倍。由于离子的质量大，故在同样的电场中加速较慢，速度较低，但是，一旦加速到最高速度时，离子束比电子束具有更大的冲击能量。

高速电子撞击工件材料时，因电子质量小、速度大，动能几乎全部转化为热能，使工件材料局部熔化、气化，通过热效应进行加工。而离子本身质量大，速度较低，撞击工件材料时，将引起变形、分离、破坏等机械作用。例如，加速到几十至几千电子伏时，主要用于离子溅射加工；如果加速到一万至几万电子伏，且离子入射方向与被加工表面成25~30°时，离子可将工件表面的原子或分子撞击出去，以实现离子铣削、离子蚀刻或离子抛光等；当加速到几十万电子伏或更高时，离子可穿入被加工材料内部，称为离子注入。

（二）离子束加工工艺特点

①由于离子束可以通过光学系统进行聚焦扫描，离子束轰击材料是逐层去除原子，离子束流密度及离子能量可以精确控制，所以离子蚀刻可以达到纳米级的加工精度。离子镀膜可以控制在亚微米级精度，离子注入的深度和浓度也可以极精确地控制。所以可以说，离子束加工是所有特种加工方法中最精密、最微细的加工方法，是当代纳米加工技术的基础。

②由于离子束加工是在高真空中进行，所以污染少，特别适用于对易氧化的金属、合金材料和半导体材料的加工。

③离子束加工是靠轰击材料表面的原子来实现的，它是一种微观作用，宏观压力很小，所以加工压力、变形等极小，加工质量高，适合于对各种材料和低刚度零件的加工。

④离子束加工设备费用贵，成本高，加工效率低，因此应用范围受到一定限制。

（三）离子束加工应用

离子束加工的应用范围正在不断扩大、不断创新。通过精确的定量控制，可对材料实现"纳米级"或"原子级"加工，即可将材料的原子一层层地"铣削"下来，尺寸精度的控制可用原子间距为单位。

离子束加工按照其所利用的物理效应和达到的目的不同，可以应用在许多领域，目前用于改变零件尺寸和表面力学性能的离子束加工有：用于从工件上做去除加工的离子刻蚀加工、用于给工件表面加膜的离子膜加工，以及用于表面改性的离子注入加工等。如离子刻蚀加工，用氩离子束轰击已经机械磨光的玻璃表面时，可将玻璃表层剥离1μm左右，形成极光滑的表面；用离子束轰击厚度为 0.2 mm 的玻璃，能改变其折射率分布，使之具有偏光作用；离子束刻蚀的另一个应用是刻蚀高精度的图形，如集成电路、声表面波器件、磁泡器件、光电器件和光集成器件等微电子学器件的亚微米图形。离子膜加工已用于镀制润滑膜、耐热膜、耐蚀膜、耐磨膜、装饰膜和电气膜等，如在表壳和表带上镀渗氮钛膜，这种渗氮钛膜呈金黄色，它的反射率与 18 K 金镀膜相近，耐磨性和耐腐蚀性大大优于镀金和不锈钢，而价格仅为黄金的 1/60；用离子镀膜在切削工具表面镀渗氮钛、渗碳钛等超硬层，可提高刀具的耐用度；离子镀膜还可显著延长工模具的使用寿命。离子注入在半导体方面的应用很普遍，如将硼、磷等"杂质"离子注入半导体，用以改变导电形式（P 型或 N 型）和制造 P-N 结，制造一些通常用热扩散难以获得的各种特殊要求的半导体器件。因此，离子束加工已成为制造半导体器件和大面积集成电路的重要手段。

九、超高压水射流切割加工

超高压水射流切割加工（Water Jet Cutting，WJC）利用超高压水射流（俗称水刀）进行材料切割（简称水切割），是近年来加工领域的一项新技术。水切割技术的应用始于 20 世纪 70 年代，最早使用于航天器材料的切割，以后扩展到各行各业，诸如机械、汽车、建筑、采矿、化工、医疗、食品、服装、制鞋、电子等。全世界的许多制造厂已先后安装了近 1000 套水切割系统，我国现在也能制造由微机控制的二维切割平面运行工作台的超高压水射流万能切割机。

（一）水切割加工原理

水切割加工是利用高速液流对工件的冲击作用来去除材料，采用高压、高速细束水流或水与磨料的二相混合流冲击被切割材料，使冲击点处材料断裂而导致分离。液体由水泵组抽出，通过增压器增压，达 200~400 MPa，存入储液蓄能器，使脉动的液流稳定。高压水通过特殊管道以接近三倍声速（500~900 m/s），从极细的人造蓝宝石制造的喷嘴组件管口的小孔中射出，可切开几百毫米的钢板，还可以切割任何几何图形，且切割表面光洁、无高温影响。水切割的穿透深度取决于液压压射的速度、压力及压射距离，液流的功率密度可达 10^6 W/mm^2。

（二）水切割工艺特点

①由于采用水流等液力作为刀具，因此切割材料不受导电和非导电、金属和非金属的限制。目前已用于水切割的材料多达 500 余种。

②水切割是一种冷切割，因此无热变形或气化物，被切材料的物理、力学性能，材质的晶间组织结构不会发生变化。

③切缝小，可节约材料，降低加工成本。水切割喷口直径仅 0.05～0.5 mm，故可加工很薄、很软的非金属材料（例如铜、铝、铅、塑料、木材、橡胶、纸等）。

④非接触性切割，切割面变形小，无机械应力和翘曲，切边质量好，加工工件无须去毛刺。

⑤由于采用数控加工，故能在任意位置开始或停止切割，适于复杂及精密零件的切割。

⑥液力加工过程中，"切屑"混入液体中，故不存在灰尘，不会有爆炸或火灾的危险。液体经过很好的过滤，与"切屑"分离后又能重复使用。

（三）水切割应用

水切割的用途很广泛，目前应用的部门有：①航天航空工业：用于切割钛合金、铝合金、不锈钢、碳纤维、航空玻璃及复合材料、热敏性强的材料等。②汽车工业：用于仪表板、地毯、门框、车顶保险杠、车窗玻璃、镜子及其他内外组件的成形切割，和制动片切割。③建材业：用于玻璃纤维绝缘材料、大理石、花岗石等石材的切割，花纹图案切割。④电子及电脑产业：用于印刷电路板及薄膜形状的成形切割。⑤纸质包装材料产业：用于卫生纸、防水纸、发泡纸、纸板及瓦楞纸板的纵横向切割及修边。⑥一次性使用产品制造业：用于尿片及医院穿着等用过即丢产品的成形切割。⑦制鞋及成衣产业：用于鞋内底及外底、靴皮上部、织物及非织物的成形切割。

其他应用还包括超高压清洗机等。可见超高压水射流切割技术大有发展前途。

第五章　机械的故障诊断

第一节　机械技术状况变化的原因和规律

一、机械的组成

任何机械都是由数量众多的零部件组成的。这些零部件按其功能分为零件、合件、组合件及总成等装配单元。它们各自具有一定的作用，相互之间又有一定的配合关系。将所有这些装配单元有机地组合起来，便成为一台完整的机械。

（一）零件

零件是机械最基本的组成部件，它是不可拆卸的一个整体。根据零件本身的性质，零件又可分为通用的标准零件（如螺钉、垫圈等）和专用零件（如活塞、气门等）。在装配合件、组合件或总成时，从某一个专用零件开始，这个零件称为基础零件（气缸体、变速器壳等）。

（二）合件

两个或两个以上零件装合成一体后，起着单一零件作用的，称为合件（如带盖的连杆、成对的轴承衬瓦等）。在装配组合件或总成时，开始装配的某一个合件称为基础合件。

（三）组合件

组合件是由几个零件或合件连成一体，零件之间有着一定的运动关系，但尚不能起到单独完整的机构作用的装配单元（如活塞连杆组合、变速器盖组合等）。

（四）总成

由若干个零件、合件、组合件连成一体，能单独起一定作用的装配单元称为总成（如发动机总成、变速器总成等）。按总成在机械上的工作性质，总成又可分为主要总成（如发动机总成、变速器总成等）和辅助总成（如水泵总成、分电器总成等）。

机械在使用中，由于零件技术状况的变化，引起合件、组合件和总成技术状况的变化，从而引起整个机械技术状况的变化。

机械的性能往往是由主要总成的性能决定的，而总成性能往往是由关键零部件的技术状况决定的。每个零件应该符合一定的技术标准，每个合件、组合件、总成则应符合一定的装配技术标准，才能保证机械应有的技术性能。

二、机械技术状况变化的原因

机械零件在使用过程中，由于磨损、疲劳、腐蚀等产生的损伤，使零件原有的几何形状、尺寸、表面粗糙度、硬度、强度以及弹性等发生变化，破坏了零件间的配合特性和合理位置，造成零件技术性能的变坏或失效，引起机械技术状况发生变化。

零件损伤的原因按其性质可分为自然性损伤和事故性损伤。自然性损伤是不可避免的，但是随着科学技术的发展，机械设计、制造、使用和维修水平的提高，可以使损伤避免发生或延期发生；事故性损伤是人为的，只要认真注意是可以避免的。

三、机械零件的损伤

机械零件的损伤可分为磨损、机械损伤和化学热损伤三类，其中造成机械技术状况变化最普遍、最主要的原因是磨损。

（一）摩擦与磨损

机械在使用过程中，由于相对运动零件的表面产生摩擦而使其形状、尺寸和表面质量不断发生变化的现象称为磨损。

1. 磨损产生的原因

磨损产生于摩擦，摩擦是两个接触的物体相互运动时产生阻力的现象，这种阻力称为摩擦力。摩擦与磨损是相伴发生的，摩擦是现象，磨损是摩擦的结果，润滑是降低摩擦力、减少磨损的重要措施，三者之间存在密切的关系。随着科学技术的发展，摩擦、磨损与润滑已形成一门新的基础学科，统称为摩擦学。

任何零件表面，即使加工表面光洁度很高，仍存在着微观不平度。当两个运动零件表面相接触时，其接触面中存在着凹凸不平的接触点，在载荷作用下，接触点的单位压力增大，凸出点被压平。在压合的接触表面上，将产生足够大的分子吸引力，两个表面间接触距离越大，分子的吸引力就越小。摩擦是分子相互作用和机械作用相结合的结果。当两个零件表面比较粗糙时，摩擦力以机械阻力为主；当表面光洁度很高时，摩擦力以分子吸引力为主。

为了减少摩擦表面的分子吸引力和摩擦力，必须避免零件摩擦表面的直接接触，只要在摩擦表面之间加入适当的润滑油，就能达到这个目的。

2. 摩擦分类

按摩擦零件的运动特点分类如下：

①滑动摩擦：它是相对工作的两零件发生相对位移而产生的摩擦。这是机械结构中最普遍的形式，如曲轴与轴承间、活塞与缸套间都属于滑动摩擦。

②滚动摩擦：它是通过滚动轴承（包括滚珠、滚柱、滚针轴承）改变了滑动摩擦的形式，从而减小了零件的接触面和摩擦阻力。

③混合摩擦：最常见的是齿轮传动中啮合表面之间的摩擦，它介于滑动摩擦与滚动摩擦之间。

按摩擦零件的润滑情况分类如下：

①干摩擦：运动零件表面之间完全没有润滑的摩擦。干摩擦的摩擦系数很大，摩擦也很强烈，磨损快，一般运动件中应避免。但有些零件为了工作需要必须采用干摩擦，如干式离合器、制动器等。有些零件因无法润滑不得不采用干摩擦，如履带板和履带销。

②液体摩擦：零件摩擦表面之间被润滑油隔开，零件表面不发生直接接触，由于这种摩擦大部分是发生在润滑油内部，所以减少了机械磨损。

③边界摩擦：零件摩擦表面有一层很薄的油膜，由于润滑油具有吸附能力，形成的油膜有很高的强度，能承受很大压力，可防止摩擦面的直接接触。如齿轮啮合表面间的摩擦就属于边界摩擦。

④半干摩擦和半液体摩擦：这类摩擦都是在半润滑下的摩擦。如果两摩擦零件间的大部分负荷是由零件接触面所承受，小部分负荷由油膜所承受时，称为半干性摩擦；如与之相反，两零件间大部分负荷由油膜承受，小部分负荷由零件接触面所承受时，称为半液体摩擦。

上述各种摩擦中以液体摩擦的摩擦力最小，但在实际使用中难以得到保证，在外界条件变化时，往往会转化成其他摩擦形式。如发动机曲轴主轴承和连杆轴承，在正常运转时处于液体摩擦，但在转速急剧下降时，即转化为半液体摩擦，在初启动时是处于边界摩擦。活塞组在工作过程中，随着行程的改变，温度、速度、润滑油黏度的不同，能转化成液体摩擦、边界摩擦，甚至是半干摩擦。

3. 磨损分类

根据零件表面的磨损情况，磨损可分为以下三类：

①机械性磨损：零件表面存在微观不平度，相对运动时，由于摩擦力、承受力的作用，使其凸起和凹坑相互嵌合而刮平，或因凸起部位的塑性变形而碾平。这种零件表面发生的磨损，称为机械性磨损。它只有几何形状的变化。

②磨料性磨损：由于运动零件表面进入空气中的灰砂或零件本身磨擦后掉下来的金属微粒，以及积炭等与运动零件表面作用而引起的磨损，称为磨料性磨损。这类磨损是造成机械零件磨损的主要原因，其磨损程度大于机械性磨损。

③黏附性磨损：运动零件摩擦表面之间，由于承受较大的载荷，单位压力大，破坏了正常的润滑条件；同时，由于零件的滑动摩擦速度很高，使零件表面产生的热量不容易扩散，零件表面的温度越高则强度越低，使零件表面因高温而局部熔化并黏附在另一个零件的表面上，继续相对运动时被撕脱下来，这种过程称为黏附性磨损。这种磨损的产生，取决于金属材料的塑性（塑性越大越容易产生黏附）、工作条件（如工作温度、压力、摩擦速度、润滑条件等）和配合表面的粗糙度，并与零件的材质有关，钢对铜、镍、生铁等都容易产生黏附性磨损；此外，零件装配间隙过小，润滑油不足，也容易产生黏附性磨损。这种磨损的特点是一旦发生就发展很快，短时间内就能使零件受到破坏。在发动机零件磨损中约20%属于黏附性磨损，如"拉缸""烧瓦"等都属于这类磨损。

（二）机械损伤

零件的机械损伤有以下几种形式。

1. 变形

零件变形，一般表现为弯曲、扭转、翘曲等几何外形的变化。造成变形的原因，主要是零件承受的外力（载荷）与内应力不平衡，或由于加工过程的残余应力未消除（如未经热处理或时效处理）而出现的内应力不平衡。这些情况，有的属于热加工应力（如铸件或焊件在加工过程中某些部位冷缩不均匀，产生压缩应力），有的属于冷加工应力（如冷冲压过程产生的局部晶格歪曲而形成残余应力）。这些应力如超过零件材料的屈服极限，就会产生塑性变形，超过强度极限，就会产生破裂。

2. 破损

零件破损，一般表现为折断、裂纹和刮伤等。这类破损比较容易察觉，其中疲劳裂纹也是造成零件断裂的原因之一，必须采用特殊的检验方法。零件破损的原因，大致有以下几种情况。

①零件的变形或疲劳超过其材料极限强度，使零件应力集中部位产生裂纹，并逐步扩展到断裂。

②零件内部隐伤（如气孔、夹渣、裂隙）所形成的应力集中，从隐伤薄弱处产生裂纹，逐渐向外扩展，直至断裂。

③零件刮伤的原因，大多数是由于修理不当而引起的。如活塞销的卡簧脱出，致使活塞销端部刮伤气缸壁；机油内的机械杂质刮伤气缸壁和活塞等。

3. 疲劳

零件表面做滚动或混合摩擦时，在长期交变载荷下，由于损伤的积累，零件表面材料疲劳剥落或断裂零件在使用中，由于额外振动造成的附加载荷；润滑油不清洁或零件表面粗糙使载荷应力集中到某些部位；零件的磨损和腐蚀致使零件表面粗糙；修理或加工质量不高，使零件的耐疲劳程度削弱，这些因素，都会加速疲劳损伤的发生。

（三）化学热损伤

零件化学热损伤主要是机械在使用、保管过程中，与化学腐蚀介质发生化学或电化反应，使零件发生腐蚀损伤。根据零件材质，可分为金属腐蚀和非金属腐蚀两类。

1. 金属腐蚀

金属腐蚀一般分为化学腐蚀和电化学腐蚀。

（1）化学腐蚀

金属表面与周围介质直接发生化学作用而使零件遭受损伤的现象称为化学腐蚀。它发生在金属与非电解物质（如高温气体、有机液体、汽油等）接触时，发生化学反应后生成金属锈，不断脱落又不断生成。最常见的化学腐蚀为金属氧化。氧化使有些金属的结构松弛，强度降低。

（2）电化学腐蚀

金属与电解质溶液接触时，发生电化学作用而引起的腐蚀为电化学腐蚀。产生电化学腐蚀必须具备三个条件。

①金属表面要有两种不同的电极。如两种不同元素的金属，金属内含有杂质，或金属表面粘有脏物等，只要性质不同，就会形成两个电极。

②要有能生成电解质的物质，如二氧化碳、二氧化硫、氯化氢等。

③要有水，能形成合适的电解质溶液。

上述三个条件，在机械上是经常存在的。例如，只要接触空气就会产生对金属的电化腐蚀，因此，电化学腐蚀对机械腐蚀是比较普遍的。

金属腐蚀除以上两类外，还有穴蚀、烧损等。

2. 非金属零件的腐蚀变质

机械上还有很多非金属零件，包括大量的橡胶制品、塑料制品、胶木制品、木制品等，在使用和保管过程中，也会发生腐蚀和变质现象。例如，橡胶制品会发生霉菌腐蚀、老化、硫化、溶胀等腐蚀和变质现象。

上述几种零件损伤是引起机械技术状况发生变化的主要原因。它们所起的作用是不同的。在使用过程中引起机械技术状况变化的主要原因是磨损；在保管过程中引起机械技术状况变化的主要原因是腐蚀；在干燥地区由于尘土多，容易加速磨料性磨损；在潮湿地区容易受到化学腐蚀。虽然引起机械技术状况变化的原因是多方面的，而其直接原因是由于零件损伤，其中绝大部分是零件磨损。

四、机械零件磨损规律

机械零件所处的工作条件各不相同，引起磨损的程度和因素也不完全一样。绝大部分零件是受交变载荷的作用，因而其磨损是不均匀的。各个零件的磨损也都有它的个性特点，但在正常磨损过程中，任何摩擦副的磨损都具有一定的共性规律。在正常情况下，机械零件配合表面的磨损量是随零件工作时间的增加而增长的，这种磨损变化规律的曲线，称为磨损规律曲线。

（一）机械零件磨损规律曲线

图 5-1 所示为机械零件磨损规律曲线，其中横坐标表示机械工作时间，纵坐标表示磨损量，曲线的斜率表示这一时间磨损的增长率。在正常情况下，零件配合表面的磨损量是随着机械工作时间的增加而增长的。从图中表示磨损量增长的曲线斜率的变化可知，机械零件磨损可分为三个阶段。

1. 第一阶段为磨合阶段（曲线 OB）

包括生产磨合（OA）和运用磨合（AB）两个时期。机械零件加工不论多么精密，其加工表面都必然具有一定的微观不平度，磨合开始时，磨损增长非常迅速，曲线斜率很大，当零件表面加工的凸峰逐渐磨平时，磨损的增长率逐渐降低，达到某一程度后趋向稳定，为第一阶段结束，此时的磨损量称为初期磨损。正确使用和维护保养，可以减少初期磨损，延长机械的使用寿命。

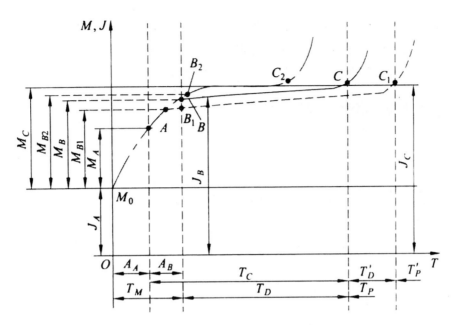

图 5-1　机械零件磨损规律曲线示意图

T-机械工作时间；J-零件尺寸和间隙；M-磨损；M_o-开始磨损点；T_M-磨合期；T_A-生产磨合期；T_B-运用磨合期；T_C-大修间隔期；T_D-使用期；T_L-延长使用期；T_P-破坏期；T'_P-延长破坏期；M_A-生产磨合期磨损；M_B-初期磨损；M_{B1}-降低了的初期磨损；M_{B2}-增加了的初期磨损；M_C-极限磨损；J_A-新机大修尺寸和间隙；J_B-开始正常工作尺寸和间隙；J_C最大允许的尺寸和间隙

2. 第二阶段为正常工作阶段（曲线 BC）

由于零件已经磨合，其工作表面已达到相当光洁程度，润滑条件已有相当改善，因此，磨损增长缓慢，而且在较长时间内均匀增长，但到后期，磨损增加率又逐渐增大。在此期间内，合理使用机械，认真进行保养维修，就能降低磨损增长率，进一步延长机械的使用寿命（到 C_1）。否则将缩短使用寿命，到 C_2 点就达到极限磨损而不能正常工作。

3. 第三阶段为事故性磨损阶段

由于自然磨损的增加，零件磨损增加到极限磨损点（包括 C_1、C_2）时，因间隙增大而使冲击载荷增加，同时润滑条件恶化，使零件磨损急剧增加，甚至会导致损坏，还可能引起其他零件或总成的损坏。

大部分零件到达极限磨损时，机械技术状况急剧恶化；故障频繁；工作性能明显下降，工作质量降低到允许限度以下；燃料油、润滑油和动力消耗过大。总之，机械的动力性能、经济性能和安全可靠性能都明显降低，不能正常工作，必须及时修复。

上述零件的磨损规律是机械使用中技术状况变化的主要原因。由此可见，零件的磨损规律客观地成为机械技术状况变化的规律。

零件已经有一定程度的磨损，但还没有达到极限磨损程度，这种磨损称为容许磨损。在容许磨损范围内的零件，还有一定的使用寿命，应充分使用，不要轻易报废，到达极限磨损即到达最大允许使用限度的零件即应报废，不要继续使用。

（二）机械零件磨损规律的作用

①机械零件磨损规律是机械管理的基本规律，一切机械管理工作的基本点就是要最大限度地发挥机械效能，降低消耗，延长使用寿命。掌握和运用机械零件磨损规律，减少磨合阶段的磨损，延长正常的使用阶段，避免早期发生事故性磨损，这些都是为了保证这个基本点的实现。

②机械零件磨损规律作用于机械从初期走合、使用直到报废的全过程，并对机械的自然寿命和经济寿命起到决定性作用。

③机械管理各项工作，都是以机械零件磨损规律为主要内容的。如机械的正确使用和维护保养，都是为了减少零件磨损，保持机械完好的技术状态。而修理则是为了及时更换或修复达到磨损极限的零件，恢复机械完好的技术状态。

④零件磨损规律又是制定机械技术管理各种技术文件（如规程、规范、制度、标准等）的主要依据。如机械走合期规定是为了减少初期磨损，机械操作规程和使用规程都是为了在各种条件下正确使用机械，减少正常使用期的磨损；机械维修中的修理间隔期、送修标志、作业内容、装配标准、质量检验等技术要求，以及配件的分类、储备和消耗定额等，都是根据零件磨损规律制定的。

⑤机械零件磨损规律又是机械技术状况变化的基本规律。掌握零件磨损规律，才能充分认识机械管理全过程各项工作的内在联系和本质区别，以及各自的作用和地位，才能做好机械管理工作。

第二节　机械故障理论

一、机械故障类型

机械故障类型是故障物理学中的一个重要组成部分，可以从它的性质、原因、影响、特点等情况做如下分类。

（一）按故障的性质划分

1. 间断性故障

在短期内丧失其某些功能，稍加调整或修理就能恢复，不需要更换零件。

2. 永久性故障

某些零部件已损坏，须更换或修理后才能恢复。

（二）按故障的影响程度划分

永久性故障按造成的功能丧失程度划分为：

1. 完全性故障

导致机械完全丧失功能。

2. 部分性故障

导致机械某些功能的丧失。

（三）按故障产生的特征划分

1. 劣化性故障

零部件的性能逐渐劣化而产生的故障，它的特征是缓慢发生的。

2. 突发性故障

突然发生并使机能完全丧失的故障，它的特征是急速发生的。

（四）按故障发生的原因划分

1. 外因造成的故障

由于外界因素而引起的故障。又可分为：

①环境因素：如温度、湿度、气压、振动、冲击、日照、放射能、暴风、沙尘、有毒气体等。

②使用因素：机械使用中，零部件承受的应力超过其设计规定值。

③时间因素：物质的老化和劣化，大多数取决于时间的长短。

2. 内因造成的故障

由于内部原因造成的故障。又可分为：

①磨损性故障：由于机械设计时预料中的正常磨损造成的故障。

②固有的薄弱性故障：由于零部件材料强度下降等原因诱发产生的故障。

（五）按故障的发生、发展规律划分

1. 随机故障

故障发生的时间是随机的。

2. 有规则故障

故障的发生比较有规则。

二、机械故障规律

（一）早期故障期

它出现在机械使用的早期，其特点是故障率较高，且故障随时间的增加而迅速下降。它一般是由设计、制造上的缺陷等原因引起的。机械进行大修理或改造后，再次使用时，也会出现这种情况。机械使用初期经过运转磨合和调整，原有的缺陷逐步消除，运转趋于正常，从而故障逐渐减少。

（二）偶发故障期

它是机械的有效寿命期，在这个阶段故障率低而稳定，近似为常数。偶发故障是由于使用不当、维护不良等偶然因素引起的，故障不能预测，也不能通过延长磨合期来消除。设计缺点、零部件缺陷、操作不当、维护不良等都会造成偶发故障。

（三）耗损故障期

它出现在机械使用的后期，其特点是故障率随运转时间的增加而增高。它是由于机械零部件的磨损、疲劳、老化、腐蚀等造成的。这类故障是机械部件接近寿命末期的征兆。如事先进行预防性维修，可经济而有效地降低故障率。

对机械故障的规律与过程进行分析，可以探索出减少机械故障的适当措施，见表 5-1。

表 5-1　减少机械故障的适当措施

故障阶段	早期故障期	偶发故障期	耗损故障期
故障原因	设计、制造、装配等存在的缺陷	不合理的使用与维护	机械磨损严重
减少故障措施	精心检查、认真维护。做好选型购置，加强初期管理，认真分析缺陷，采取改造措施并反馈给生产厂	定人定机，合理使用，遵章操作，搞好状态检查，加强维护保养，重视改善维修	进行状态监测维修，合理改装、大修或更新

三、机械故障的模式和机理

（一）机械故障的模式

机械的每一种故障都有其主要特征，即所谓故障模式或故障状态。机械的结构千变万化，其故障状态也是相当复杂的，但归纳它们的共同形态，常见的有下列数种：异常振动、磨损、疲劳、裂纹、破裂、过度变形、腐蚀、剥离、渗漏、堵塞、松弛、熔融、蒸发、绝缘劣化、异常响声、油质劣化、材质劣化及其他。

上述每一种故障模式中，均包含几种由于不同原因产生的故障现象。例如：

疲劳：应力集中增高引起的疲劳、侵蚀引起的疲劳、材料表面下的缺陷引起的疲劳等。

磨损：微量切削性磨损、腐蚀性磨损、疲劳（点蚀）磨损、咬接性磨损。

过度变形：压陷、碎裂、静载荷下断裂、拉伸、压缩、弯曲、扭力等作用下过度变形而损坏。

腐蚀：应力性腐蚀、汽蚀、酸腐蚀、钒或铅的沉积物造成腐蚀等。

对于不同种类、不同使用条件的机械，它们的各种故障模式所占的比重，有着明显的差别。每个企业也由于机械管理和使用的条件不同，各有其主要的故障模式，经常发生的故障模式，就是故障管理的重点目标。

（二）机械故障的机理

故障机理是指某种类型的故障在达到表面化之前，在内部出现了怎样的变化、是什么原因引起的，也就是故障的产生原因和它的发展变化过程。

产生故障的共同点，是来自工作条件、环境条件等方面的能量积累到超过一定限度时，机械（零部件）就会发生异常而产生故障，这些工作条件、环境条件是使机械产生故障的诱因，一般称为故障应力。这种应力，不仅是力学上的，而且有更广泛的含义。

故障模式、故障机理、故障应力（诱因）三者密切相关。它们之间的关系及其发展过程十分复杂，而且没有固定的规律。即使故障模式相同，但发生故障的原因和机理不一定相同；同一应力也可能诱发出两种以上的故障机理。

一般故障的产生，是由于故障件的材料所承受的载荷，超过了它所允许的载荷能力，或材料性能降低时才会发生。故障按什么机理发展，是由载荷的特征或过载量的大小所决定的。如由于过载引起故障时，不仅对材料的特性值有影响，而且对材料的金相组织也有

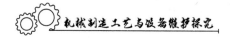

影响。因此，任何一种故障，都可以从材料学的角度找出产生故障的机理。

第三节　机械故障管理的开展

一、机械故障信息的收集

故障信息主要来源于故障机械的现场记录，故障机械及其零部件的性能、材质数据以及有关历史资料。准确而详尽的故障信息是进行故障分析和处理的主要依据和前提。

（一）收集故障数据资料的注意事项

收集故障信息要在准确、可靠、完整、及时的基础上，注意以下六点：

①目的性要明确，要收集对故障分析有用的数据和资料。

②要按规定的程序和方法收集数据。

③对故障要有具体的判断标准。

④各种时间要素的定义要准确，计算各种有关费用的方法和标准要统一。

⑤数据必须准确、真实可靠，要对记录人员进行教育、培训，健全责任制。

⑥数据要完整、客观、实用，防止含糊不清。

（二）故障信息的内容

故障分析中需要收集的数据资料一般包括以下几个方面的内容：

①故障对象的识别数据，包括机械的类型、生产厂、使用经历、故障和维修的历史记录（机械履历书）等。

②故障识别数据，包括故障类型、故障现场形状、故障时间等。

③故障鉴定数据，包括故障现象、故障原因、寿命时间、测试数据等。

（三）故障信息的来源

故障信息通常从以下资料中获得：

①故障的现场调查资料。

②故障专题分析报告。

③故障报告单。

④机械运行和检查记录。

⑤状态监测和故障诊断记录。

⑥机械履历书和技术档案。

⑦原厂说明书及随机技术资料。

⑧故障树分析资料及其他故障信息资料等。

（四）机械故障记录

做好机械故障记录的主要要求：

1. 做好对机械各种检查的记录

对检查中发现的机械隐患，除按规定要求进行处理外，对隐患处的情况也要按表格要求认真填写。

2. 填好机械故障报告单

在有关技术人员会同维修人员对机械故障进行分析处理后，要把详细情况填入故障报告单。故障报告单是故障管理中的主要信息源，对故障报告单的内容要认真研究确定，其一般记录项目及进行管理的内容如表5-2所示。

表5-2　故障报告单记录的项目及作用

项目类别	获取的信息	进行管理的内容
识别参量（一般特征）	故障机械的名称、型号、编号、出产厂名、出厂时间、使用单位、故障时间、修理次数、最近修理日期、总工作时间，以及各级责任人签字	识别，记入机械档案
故障详细内容	故障征候与预兆，故障部位、形态，发现故障的时机，异常状况，存在的缺陷及使用、修理中存在的问题	纳入检查、维护标准，改装机械。计划检修内容，准备技术资料
故障原因及防止措施	设计、制造、装配、材质、操作使用、维护修理、自然老化等问题。防止故障再发生的措施	改进管理工作，制定并贯彻操作规程，落实责任制，加强业务培训
工时与费用	停工工时、停歇台时占开动台时比例，停工对生产的影响；修理工作量（各种工时消耗、维修实际工时等）；停工损失费、厂内修理费、外协修理费、配件费等	工时定额，人员配备，工人奖励，改进修理方式和方法，进行技术经济分析，减少停工损失

二、机械故障的分析

对机械故障进行分析，主要是为了找出发生故障的原因和机理，从而为减少和消除故障制定有效措施。因此，不仅要对每一项具体的故障进行分析，还要对本系统、本企业全部机械的基本情况、主要问题及其规律性有全面的了解，从中找出薄弱环节，采取针对性措施，以改善机械技术状况。常用的故障分析内容和方法如下。

（一）故障原因分析

产生故障的原因是多方面的，归纳起来主要有以下几类：

1. 设计不合理

机械结构先天性缺陷，零部件配合方式不当，润滑不良，应力过高。

2. 制造、修理缺陷

零部件制作过程的切削、压力加工、热处理、焊接、装配、安装装配存在缺陷。

3. 原材料缺陷

使用材料不符合技术要求，铸件、锻件、轧制件等缺陷或热处理缺陷等。

4. 使用不当

超出规定的使用条件、超载作业、违反操作规程、润滑不良、维护不当、管理混乱等。

5. 自然耗损

由于自然条件造成零部件磨损、疲劳、腐蚀、老化（劣化）等。

有些故障是由单一原因造成的，有些故障则是多种因素综合引起的。有的是一种原因起主导作用，其他各种因素起媒介作用。作为机械使用和维修人员，必须研究故障发生的原因和规律，以便正确地处理故障。

开展故障分析时，应对机械故障原因种类规范化，明确每种故障的确切内容。故障原因种类不宜分得过粗或过细，划分的原则是以容易看出每种故障的主要原因或存在问题，便于进行统计分析即可。

（二）故障频数分析

故障发生规律的定量分析，主要是应用概率论和统计学的原理和方法计算故障发生的概率，求出有关故障和可行性的一些指标。常用的分析方法有以下几种。

1. 故障原因频数统计分析

对导致故障的各种原因进行数量分析时，可列出不同故障原因的频数表。如某型机械共发生故障147次，导致故障的几种原因频数列于表5-3，根据表5-3可进一步画出其主次因素排列图。表5-3是按造成故障的主次原因顺序排列的，即按频数由高到低顺序排列的。分析各种原因的相对频数，即可找出造成机械故障的主要原因。掌握了机械的主要故障原因，就能使故障管理的目标明确。

表5-3 九类故障原因的频数

序号	故障原因	频数	累积频数	相对频数/%	累积相对频数/%
1	超过容限	94	94	63.9	63.9
2	裂纹	15	109	10.2	74.1
3	卡死	15	124	10.2	84.3
4	事故损伤	11	135	7.5	91.8
5	超过使用规定	4	139	2.8	94.6
6	振动	3	142	2.0	96.6
7	环境原因	3	145	2.0	98.6
8	漏油	1	146	0.7	99.3
9	维修错误	1	147	0.7	100

2. 故障频率分析

为了掌握机械使用过程中不同时间内的故障量的增减趋势，一般以机械的单位运转台时发生的故障台次来评价故障的频率，即

$$故障频率 = \frac{同期机械故障机台次}{机械实际运转台时} \times 100\% \tag{5-1}$$

故障频率分析一般是在同类型的单位之间进行，或对同一单位前后期的故障频率进行比较，观察其故障多少及变化趋势。

3. 故障强度率分析

故障频率还不能反映故障停机时间的长短和费用损失的程度。为了反映故障的程度，一般以单位运转台时的故障停机小时来评价，称为故障强度率。

（三）平均故障间隔期分析

机械的平均故障间隔期（MTBF）是一项在投入运行后较易测得的可靠性参数，在评价机械使用期的可靠性时应用很广。对于较复杂的机械，在其使用寿命（偶发故障期）期间，可以认为机械的可靠性函数服从指数分布，其MTBF是个常数。机械的MTBF可通过

分析求得，其步骤如下：

①选择有代表性的机械或零部件作为分析对象，它们在使用中的各种条件都应处于允许范围的中间值以上。

②规定观测时间，记录下观测时间内的全部故障。观测时间应不短于机械中寿命较长的磨损件的修理（更换）期，一般连续观测记录 2~3 年，就可充分发现影响 MTBF 的故障。要详细记录故障的有关资料，如故障内容、处理方法、发生日期、停机时间、修理工时等数据要准确。

③数据分析，将各故障间隔时间上 t_1, $t_2\cdots$, t_N 相加除以故障次数 n。

当机械进入耗损故障期（使用后期）时，故障将显著增多，其间隔期也显著缩短。不但易损件，连基础件也会接连发生故障。通过多台机械的故障记录分析，就可科学地估计进入耗损故障期的时间，从而为适时进行预防修理提供依据。

（四）故障树分析

故障树分析（FTA 法）是把故障结构画成树形图，沿着树形图的分枝去分析机械（或系统）发生故障的原因，查明哪些零部件是故障源。

故障树分析的特点之一，是用特定符号绘制故障树图形，它采用的符号分为事件符号、逻辑符号和转移符号等。

故障树分析的特点之二，是它着眼于同机械（系统）的功能等价框图进行比较，两者在结果上是一致的。故障树的绘制虽然较为麻烦，但一旦画出故障树，便能把层次关联和因果关系不清的事件显示清楚。

由于故障树分析用逻辑命题来分解故障发生的过程，所以也用"与门""或门"等逻辑运算，因而故障树分析也称为逻辑分析。故障树分析的实施程序如下：

①提出影响机械（或系统）可靠性与安全性的一切可能发生的故障，并明确故障定义。

②分析可能发生的各种故障，就最可能发生的一两项故障，画出故障树；树干为机械故障，树枝为导致机械故障的零部件故障。也就是说，一边参考机械构成图、功能图进行观察，一边把机械故障的可能原因展开到子系统以至零部件。

③收集输入的故障数据，对故障树进行分析，即讨论有可能发生的零部件故障，找出可能构成机械故障的主要故障源。

④把分析得出的可能故障及其原因的因果关系用逻辑符号连接起来。

⑤必要时用最小通路集合、布尔代数计算故障树的概率。

⑥评价分析，即估计故障一旦发生的后果与危害，提出预防故障和消除故障的对策。

故障树分析主要用于机械部分主要零部件和原因较复杂的故障，目的是找出故障的原因和在机械各层次的影响，以找出薄弱环节，并进而在机械的使用、维修中采取针对性措施。

三、机械故障管理的开展

做好机械管理，必须认真掌握发生故障原因的信息，从实际出发和典型故障中积累资料和数据，开展故障分析，重视故障规律和故障机理的研究，加强日常维护、检查，就有可能避免突发性事故和控制偶发性事故的发生，并取得良好效果。开展故障管理的一般做法如下。

（一）对重点机械进行监测

①根据企业施工生产实际和机械状态特点，确定故障管理重点。

②采用监测仪器和诊断技术对重点机械进行有计划的监测活动，以发现故障的征兆和劣化的信息。

③在缺少监测技术和手段的情况下，可通过人的感官及一般检测工具，对在用机械进行日常和定期点检，着重掌握容易引起故障的部位、机构及零件的技术状态和异常现象的信息。

④要创造条件开展状态检测和诊断技术，有重点地进行状态检测维修，以控制和防止故障的发生。

（二）建立故障查找逻辑程序

查找故障常涉及不同领域的知识，需要丰富的经验，除培训维修工掌握故障分析方法外，应把机械常见的典型故障现象、分析步骤、消除方法，汇编成典型故障查找逻辑程序图表，列成方框图或表格形式，以便在故障发生后能迅速找出故障部位和原因，能及时而有效地进行修理。

（三）建立机械故障记录和统计分析制度

①故障记录是开展故障管理的基础资料，又是进行故障分析、处理的原始依据，因此，记录必须完整正确。维修工人在现场对故障机械进行检查和修理后，按照机械维修任务单的内容认真填写，由现场机械员汇总后填写机械故障记录按月报送机械管理部门。

②机械管理部门汇总故障记录后对故障数据进行统计分析，算出各类机械的故障频

率、平均故障间隔期；分析单台机械的故障动态，找出故障的发生规律，以便突出重点，采取措施，并反馈给维修部门，作为安排预防修理和改善措施计划的依据。

③根据统计整理资料，绘制单台机械故障状态统计分析表，作为分析故障原因、掌握故障规律、确定维修对策、编制维修计划的依据。

（四）计划处理

根据统计分析的结果，采取有针对性的计划处理。

①对于使用不合理、操作不当造成的故障，通过"故障管理反馈单"通知使用单位限期改正。

②对于维修不良或失修而导致的故障，通过"故障管理反馈单"通知维修单位检查处理，并落实修理级别和时间。

③对于多发性故障频率较高已失去修复价值的老旧机械，应及时停止使用，申请报废。

④对于重复性故障频率较高的机械，要进行重点研究分析，针对下列不同情况予以处理：结构不合理的安排改善性修理；失修造成的安排有针对性的项目修理；上次修理未彻底解决的隐患应安排返修，彻底解决；如由于缺乏配件更换而"凑合对付"造成的，应通知供应部门解决配件后安排修理。

根据计划处理阶段确定的工作内容、措施要求以及完成时间等，落实到有关单位或个人，按计划予以实施。在实施过程中要有专人负责检查，保证实施的质量和效果，并将实施成果进行登记，用以指导机械的正确使用和预防维修。

第四节　机械技术状态的检测和诊断

一、机械的状态检测

（一）机械检测的目的和对象

对机械整体或局部在运行过程中物理现象的变化进行定期检测（包括点检和检查），就是状态检测。状态检测的目的是随时监视机械运行状况，防止发生突发性故障，确保机械的正常运行。

状态检测的主要对象是：

①发生故障对整个系统影响较大的机械。

②必须确保安全性能的机械。

③价值昂贵的新型机械。

④故障停机修理费用及停机损失大的机械。

（二）机械检测的主要内容

按照不同的机种及故障常发部位，制定检测项目，其主要内容包括：

1. 安全性

机械的制动、回转、液压传动、安全防护装置、照明、音响等。

2. 动力性

机械的转速、加速能力、底盘输出功率、发动机功率、转矩等。

3. 可靠性

机械零部件有无异响、振动、磨损、变形、裂纹、松动等现象。

4. 经济性

机械的燃油及润滑油消耗、泄漏情况。

（三）机械检测的分类

一般可分为日常监测、定期检测和修前检测三类。

1. 日常监测

是由操作人员结合日常点检进行的跟踪监测，监测结果应填写入运转记录或点检卡上，作为机械技术主管掌握机械技术状况的依据。

2. 定期检测

定期检测可结合定期点检进行，除用仪器、仪表检测外，还要对工作油、润滑油的金属元素磨损微粒含量进行化验。通过对机械的检测和故障诊断，确定是否需要修理、消除故障隐患。此项检测由专业检测人员承担。

3. 修前检测

确定故障的部位、性质及劣化程度，为确定修理项目及方式以及配件准备等提供可靠的依据；由机械使用单位和承修单位共同进行。

（四）机械检测的方法

机械检测的方法主要有两种：

①由检测人员凭感官和普通仪器，对机械的技术状态进行检查、判断，这是目前在机械检测中最普遍采用的一种简易检测方法。

②利用各种检测仪器，对整体机械或其关键部位进行定期、间断或连续检测，以获得技术状态的图像、参数等确切信息，这是一种能精确测定劣化和故障信息的方法。

二、机械的诊断技术

（一）机械诊断的定义

机械诊断一般是指当机械发生了异常和故障之后，要搞清故障的部位、特征以及产生的原因等情况。也就是对诊断对象的故障识别和异常鉴定工作。作为比较全面和广义的概念，还必须包括对从过去到现在、从现在到将来的一系列信息资料所进行的科学预测，这样才符合系统工程的观点，也才是从根本上消除机械故障的根本途径。因此，所谓诊断，就是指对诊断对象所进行的状态识别和鉴定工作，并能预测未来的演变。它包括三个方面内容。

①要了解机械的现状。

②要了解机械发生异常和故障的原因。

③要能预测机械技术状态的演变。

机械诊断当然要以掌握现状为中心，但又不能仅限于现状。

（二）机械诊断技术的功能

机械诊断技术是在机械运行中或基本不拆卸的情况下，根据机械的运行技术状态，使用诊断技术以确定故障的部位和原因，并预测机械今后的技术状态变化。其基本功能是能定量地检测和评价机械所承受的应力、故障和劣化、强度和性能，预测机械的可靠性等内容。

1. 简易诊断技术

它是对机械的技术状况简便而迅速地做出概括评价，由现场操作和维修人员执行。它的作用相当于护理人员对人体进行健康检查。它的主要功能是：

①故障的快速检测。

②检测机械劣化趋势。

③选择需要精密诊断的机械。

2. 精密诊断技术

它是对经过简易诊断判定有异常情况的机械做进一步的仔细诊断，以确定应采取的措施来解决存在问题。由机械技术人员会同维修人员执行。它的作用相当于专业医生对病人的诊断。它的主要功能是：

①判断故障位置、程度和产生原因。

②检测鉴定故障部位的应力和强度，预测其发展趋向。

③确定最合适的故障排除方法和时间。

在一般情况下，大多数机械可采用简易诊断技术来诊断其技术状态，只有对那些在简易诊断中发现疑难问题的机械（包括重点机械）才进行精密诊断。这样使用两种诊断技术，才是最有效而又最经济的做法。

（三）机械诊断技术的运用

机械诊断技术应区别不同情况，合理使用，才能取得成效。不必要的诊断，将会造成人力、物力的浪费。

①发生故障后修理难度大，对整个工程进度有重大影响的关键机械，应优先采用诊断技术。对发生故障后不会引起连锁损坏，修理拆装方便，停修时间短，对施工生产影响较小的一般机械，可以不采用诊断技术预防。

②对于有规律的机械故障，可不采用定期诊断方式，主要依靠定期保养（维护）解决。

③对于故障难以预测的关键机械，可采用状态监测进行持续性监测诊断，掌握其技术状态劣化程度的变化，适时决定修理部位和项目。

④对于一般机械还可采用便携式仪器进行巡回检查或普查，必要时重点抽查，进行诊断。

（四）开展检测诊断的基本条件

①要有一定的检测手段，有一套比较完善的诊断仪器，其中包括油液分析的原子光谱分析仪，并能通过这些仪器全面、准确地反映出机械各部位的技术质量状态。针对施工企业的实际情况，建立相应的检测机构。

②要有一定的技术资料，包括各种机械的说明书、修理资料和检测软件，制定出切合实际的维修标准和可靠性指标。

③要建立与诊断技术应用有关的信息系统，以便检索参考。如收集机械主要零部件的磨损数据，将机械使用、故障、维修等情况输入计算机储存。

④检测人员应懂得检测程序和方法，能正确使用各种检测仪器，对所测试的机械有较深刻的了解；有维修经验和分析比较能力；有较强的责任心。

⑤已建立适用于检测诊断的维修制度，以及相应的组织实施措施。

第五节　机械检测、诊断的方法

一、感官检测

（一）感官检测的程序

感官检测就是根据机械在运转时产生的各种信息，如振动、温升、润滑、负荷、噪声等各种物理、化学信号，经过人的感官系统进行分析推理，以判断机械故障的类别和性质，这是实施机械状态检测（简易诊断）的主要手段。尤其是施工机械具有分散作业的特点，除配备少量便携式简单检测仪表外，主要还得以人的感官来进行检测。

感官检测的程序是：通过人的感官系统，将从机械上感受到的信息输入大脑，经与积存的知识和经验做比较，进行筛选后做出判断，完成信息（结论）输出程序。

（二）感官检测的常用方法

感官检测主要是利用触觉、视觉、听觉和嗅觉。

1. 用手触摸机械，检测间隙、振动和温度

①判断轴与孔配合类零件在自然磨损中其配合性质有无变化。可用手晃动（或撬动）检查配合零件的松动情况，一般可感觉出 0.20~0.30 mm 的间隙。

②判断动配合摩擦面的温度。当零部件表面温度超过正常时，预示着零部件存在不正常的磨损，有产生故障的可能。

③判断机械的振动。机械在运转中存在一定的振动，但如产生异常振动时，用手指按在机体上能感觉振动的变化量，用以判断振动异常的原因。

2. 应用视觉检查机械外观以及润滑、清洁状况

①通过机械外观检查，查看零部件是否齐全，装置是否正确，有无松动、裂纹、损伤等情况。

②检查润滑是否正常，有无干磨和漏油现象。看润滑油的油量和油质情况，及时添加或更换。

③监视机械上装设的常规仪表的指示数据，以判断机械的运转状况。

3. 应用听觉听机械的响声和噪声

①检测不能摸和看的零部件时，如齿轮箱中齿轮啮合情况，可使用探听棒测听其声响。正常的齿轮运转时是平稳和谐的周期振动声。如出现重、杂、怪、乱等异常噪声时，说明已存在故障隐患。要根据噪声的振幅、频率等特点分析产生故障的相关零件。

②检查零部件是否存在裂纹，可用手锤轻敲零部件听其声响。或检查两个接合面的紧密程度，正常时发出清脆均匀的金属声，反之则发出破裂或空洞杂音。

4. 应用嗅觉闻机械发出的气味

①有的机械在发生故障时，会产生一股异常气味。如电气设备的绝缘层，受高热作用会发出焦烟气味；制动器和离合器面片间隙过小，也会产生异臭。利用嗅觉可以获得这类故障信号。

②有些静止设备，如装有化学液体或气体的高压容器，泄漏时会散发出特殊的气味，能通过人们的嗅觉来识别。

5. 应用常规仪表监测机械

一般机械上常规装有指示温度、压力、容量、流量、负荷、电流、电压、频率、转速等参数的监测仪表。这些仪表显示了机械运动的变化数据，但还是要人用视觉感官来监视，从中发现异常时判断其故障，并采取相应措施。

感官监测与诊断属于主观监测方法，需要监测者有丰富的"临床"经验才能胜任，有时由于每个人的技术经验不同，诊断结果会有出入。为了减少偏差，可以采取多人"会诊"的办法来解决。

二、振动测量

机械在运转中都要产生某种程度的振动。在正常情况下，振动的两个主参数——振幅和加速度，应当基本稳定在允许范围内。当零件磨损超限，加工或安装的偏心度、弯曲度、材质的不平衡度等超限，以及紧固情况劣化时，振动就会出现异常情况。因此，许多不同形式的机械故障都可以从异常的振动信号中反映出来。由于振动信号比较灵敏，它的预报性比温度等其他信号要及时、准确。因此，振动测量已成为机械状态监测和故障诊断的主要手段。

（一）振动测量方法的分类

振动测量的方法很多，从测量原理上可分为机械法、光测法和电测法三大类。目前使用最广的是电测法，其特点是首先通过振动传感器将机械运动参数（位移、速度、加速度、力等）变换为电参量（电压、电荷、电阻、电容、电感等），然后再对电参量进行测量。

与机械法和光学法比较，电测法有如下几方面的优点：

①具有较宽的频带、较高的灵敏度和分辨率以及较大的动态范围。

②可以使用小型传感器安装在狭窄的空间，对测量对象影响较小，有的传感器可实现不接触测量。

③可以根据被测参数的不同，选择不同规格或不同类型的传感器。

④便于对信息进行记录和存储，供进一步分析处理。

（二）振动传感器与测量分析仪器的配套

振动传感器的种类很多，常用的有压电式加速度计、电动式速度传感器和电涡流式位移计。近年来又生产出压阻式加速度计和伺服式加速度计，它们的共同特点是可测量极低频振动，缺点是上限频率不如压电式加速度计高。

振动传感器与测量仪器最简单的配套为传感器加直读式振动计，即便携式测振表，通常包括与传感器配合的放大线路、检波线路、指针式表头或数显线路及数显指示器。它能指示振动信号的峰值，较复杂的振动计还附加选频线路，可做粗略的频率分析，以测量振动信号的频率成分。

（三）大型机械的振动监测

振动监测系统能随时监督机械是否出现异常振动或振级超出规定值，一旦出现，能立即发出警报或自动保护动作，以防故障扩大。长期积累机械的振动状态数据，有助于监测人员对机械故障趋势做出判断。

（四）频率分析

进行故障分析的主要手段是频率分析（又称谱分析）。例如，旋转机械的基频（转速）振动通常是由于转轴的不平衡或初始弯曲，二倍频振动可能是轴承对中不良，半频振动或定频（不随转速改变，低于转速）振动常常是由于油膜振荡或内阻引起的自激振动，变频振动可能是轴承或齿轮缺陷所引起等。

目前，国内已能提供较多品种的振动监测、诊断仪，其中包括多功能信号处理机、台式计算机及故障诊断软件包等组成的故障诊断系统。

三、温度测量

机械的摩擦部位温度的变化，往往是机械故障的预兆。利用测温计测量温度变化的数据来判断机械的技术状态，以查出早期故障，是常用的诊断技术。

测温仪的种类很多，按测量方式来划分有接触式和非接触式两大类。

（一）接触式测温仪

接触式测温仪的测温元件与被测对象有良好的热接触，通过传导和对流，达到热平衡以进行温度测量。接触式测温仪可以测量物体内部的温度分布，但对运动体、小目标或热容量小的测量对象，测量误差较大。

1. 液体玻璃温度计

这类温度计属于水银密封式，可测温度范围为-35~350℃，常用于测量水温和油温，使用时应避免急热、急冷，注意断液、液体中的气泡和视差。不宜用于表面测量。

2. 电阻温度计

它是利用电阻与温度呈一定函数关系的金属导体或半导体材料制成的感温元件。当温度变化时，电阻随温度而变化，通过测量回路的转换，能显示出温度值。根据感温元件的材料，分为金属元件的铂电阻温度计和半导体元件的热敏电阻温度计。

①铂电阻温度计准确性高，性能可靠。但热惯性较大，不利于动态测温，不能测点温，常用于部位监测专用的轴承测温等。

②热敏电阻温度计体积小，灵敏度高，可测点温度，常制成便携式温度计。

3. 热电偶温度计

它是利用两种导体接触部位的温度差所产生的热电动势来测量温度。热电偶的品种繁多，有采用铂、铑等合金的贵金属热电偶和采用铜/康铜、镍铬合金/镍铝合金的廉金属热电偶；有根据使用条件、补偿导线分为普通（测温300℃）和耐热（测温700℃）两种温度计；有内装电池的便携式，也有需接交流电源的，这类温度计广泛用于500℃以上高温测量。

（二）非接触式温度计

由于物体的能量辐射随其绝对温度和辐射表面的辐射系数而定，故不需直接接触也可根据辐射能量来推算表面温度。这种非接触式温度计不会破坏被测对象的温度场，不必与被测对象达到热平衡，测温上限不受限制，动态特性较好，可测运动体、小目标及热容量小或温度变化迅速的对象表面温度，使用范围较广泛，但易受周围环境的影响，限制了测温的精度。常用的有以下几种。

1. 光学高温计

它的可测温度在500℃左右，辐射的主要部分属视频范围。使用时将物体表面的或气体的颜色与加热灯丝做比较，即可测定温度值，其误差在2%以内。

2. 辐射高温计

它是利用热电元件或硫化铅元件测量发热面的辐射能，频率范围可以是某一特定波段（如红外区），也可以是整个光谱范围。可测温度为40~4000℃，精度约2%，仪器视场角为3~15°。

3. 红外测温仪（又称红外线温度传感器）

它是以检测物体红外线波段的辐射能来实现测温，是部分辐射法测温的主要仪表。红外测温仪有热敏式和光电式两类，前者是利用物体受红外辐射而变热的热效应作用，后者是利用物体中电子吸收红外辐射而改变运动状态的光电效应作用。后者比前者的响应时间要短得多，一般为微秒级。

红外测温仪具有体积小、重量轻、携带方便、灵敏度高、反应快、操作简单等优点，适用于现场机械的温度检测，尤其对轴承温升的检测有明显的优越性。

4. 热辐射温度图像仪（简称热像仪）

它是利用物体热辐射特性，对被测物体平面、空间温度分布以图像表现的测温设备。这种设备可以用来测定-30~2000℃的温度。如被测物件有问题，其表面温度显示在屏幕上便是辉度或彩色的差别。它适用于正在运行中或不容许直接接触的机械技术状态的检测。

四、润滑油样分析

利用润滑油中的微粒物质，诊断机械的磨损程度，是一种快速、准确、使用面广的诊断技术。润滑油在机械内部循环流动，将机械零部件在运动中相互摩擦产生的磨损颗粒同油液混合在一起。这些微细的金属颗粒包含着机械零部件磨损状态、机械运行情况以及油质污染程度等大量信息，这些信息能显示机械零部件磨损的类型和程度，预测其剩余寿命，为计划性维修提供依据。同时，还可根据润滑油质量，确定更换期限。

润滑油样分析根据其分析指标及方法的不同，可分为两大类：一类是油液本身的物理化学性能指标分析；另一类是油液中微粒物质的分析，也称磨屑分析，它属于精密诊断范畴。

（一）润滑油样的物理化学性能指标分析

内燃机使用的润滑油（包括液压油），由于经常处于高压、高温、高速的工作环境，其物理化学性能随着机械运转时间的延长而氧化变质，经过一定周期后就要更换。但由于机械类型复杂、工作环境多变、使用维护的水平不同等多种因素，润滑油的劣化程度也不会一样，如按规定周期换油，必然要造成过早更换的浪费或过晚更换加速机械磨损。因此，改变按期换油为按质换油，不仅减少润滑油的浪费，而且能保持润滑油的质量，延长机械使用寿命。

评价润滑油的物理化学性能指标很多，主要有黏度、酸值、水分、机械杂质及不溶物、闪点等，这些指标都有常规的化验方法，但是这些常规化验方法的设备复杂，方法烦琐，不适宜现场化验使用。

为了对现场机械快速检测其在用润滑油的性能，国内已生产出把几种检测仪器结合在一起的便携式内燃机油快速分析器。该分析器能测使用中机油的黏度是否超过了允许极限，并可测得极限内的近似值；可测机油中的实际含水量，在极限值（0.5%）以下时，与常规分析对比其精确度极相近；可测机油的酸值是否超过了允许极限及极限内的近似值；与斑点图谱对比，可反映使用中机油的污染程度及清净分散添加剂的消耗程度。

通过检测，对使用中的机油能起到监视作用，以达到按机油实际情况更换，避免浪费，并对判断内燃机的工作状况提供可靠的依据。

（二）润滑油样的磨屑分析

对润滑油样中磨屑的分析是诊断机械故障的有效手段。常用的磨屑分析方法有光谱分析法、铁谱分析法和磁屑检测法。

1. 光谱分析法

光谱分析法适用于内燃机、汽轮机以及各种传动装置、齿轮箱等的密封润滑系统和液压系统。它是采用原子发射或原子吸收光谱来分析润滑油中磨屑的成分和含量，据以定量地判断出磨损零件的类别和磨损程度。

光谱分析的基本原理是当原子的能量发生变化时，往往伴随着光的发射或吸收。发射和吸收的波长与原子粒外层电子数有一定关系，可以通过测定波长来确定元素的种类。通过测定光的强弱来确定元素的含量，在进行润滑油样光谱分析时，可以使用分光光度仪和原子吸收光谱仪。当前也有使用能量分散 X 射线分析法和氧气等离子体光谱分析法等。原子吸收光谱仪的精度为 $(1 \sim 500) \times 10^{-6}$，可以同时分析 20 种元素，对于内燃机来说，最常分析的元素是铁、铝、铬、铜、锡、锰、钼、镍、硅等。由于润滑油中各磨损元素的浓度与零部件的磨损状态有关，光谱分析结果便可以判断与这样元素相对应的各零部件的磨损状态，从而达到故障诊断的目的。一般的对应关系如下：

铜——铜套、含铜轴衬、差速器承推垫片、冷却器等部位。

铁——曲轴、缸套、齿轮、油泵等部位。

铬——活塞环、滚动轴承、气门杆等部位。

铝——活塞或其他铝合金部位。

钼——活塞环等。

硅——表示尘土的侵入程度。

使用发射和吸收式光谱仪，要对油样进行烦琐和费时的预处理工作。从国外引进专用于润滑油分析的发射光谱仪，由计算机控制分析程序，抽样不需预处理，可直接读数，使操作更为方便可靠。

2. 铁谱分析法

铁谱分析是从油液中分离出金属磨损颗粒，以进行显微检验和分析的一种新技术。铁谱分析的仪器为铁谱仪，有分析式、直读式和在线式三种。

润滑油样由微量泵输送到放置成与异形磁铁的顶面成一定角度的铁谱基片上，在油样流下的过程中，油样中的金属磨屑，在高强度、强磁场的作用下从油样中分离出来，按由大到小的次序沉积在特制的铁谱基片上，并沿磁力线方向排列成链状。经清洗残油和固定处理后，制成铁谱片。

铁谱分析为磨损机理的研究和机械状态监测提供了新的重要途径，尤其在施工机械、液压系统、内燃机、齿轮箱等机械或总成的状态监测和故障诊断中得到广泛应用，成为微粒摩擦学的重要研究手段。

3. 磁屑检测法

常用的磁性碎屑探测器是磁塞。它的基本原理是用磁性的塞头放置在润滑系统的适当部位，利用其磁性吸取润滑油中的铁屑（有些内燃机润滑油箱的放油塞也具有磁塞功能），定期取出磁塞，并取下附在它上面的铁屑进行分析，就可以判断机械零部件的磨损性质和程度。因此，它是一种简便而行之有效的方法，适用于铁屑的颗粒大于 50 μm 的情况。由于在一般情况下，机械零件的磨损后期会出现颗粒较大的金属磨屑，因此，磁塞检查是一种很重要的检测手段。

上述各种油样分析仪器在其分析内容、效率、速度及适用场合等方面都具有各自的特点。就分析效率与油样内微粒物质粒度间关系比较，光谱仪的有效区是微米以下，铁谱仪是 $10^{-1} \sim 10^{-2}$ 微米级。就分析内容比较，光谱仪可测定各微量元素含量，但不能测出磨粒形态和测量磨粒大小；铁谱仪则弥补了光谱仪的不足，能测出磨粒形态和磨粒粒度分布的重要参数，但它对有色金属等磨粒就不具备如铁磨粒那样高的分析效率。因此，在进行油样分析时，要根据诊断对象的具体特点及综合成本和效益方面考虑选择恰当的仪器。由于大型机械结构的复杂性，必要时还得采用光谱、铁谱等多种仪器进行联合分析，以取得较全面的结论。

五、噪声（声响）测量

在机械运行过程中，噪声的增大意味着机械的磨损或其他故障的出现。对噪声的测量和分析，有助于诊断机械故障所在。

机械噪声的特性主要取决于声压级和噪声频谱。相应的测量仪器是声级计和频谱分析仪。

①声级计又称噪声计，通常由传声器和测量放大器组成，传声器的作用是将声能变换为电能。测量放大器是由前置放大器、对数转换器、计权网络、检波器及指示表头等组成。由传声器及前置放大器获得与声压成正比的电压信号，对数转换器将其转换成以分贝（dB）值表示的声压级信号。计权网络是考虑到人耳听觉对不同频率有不同的灵敏性而设置的特殊滤波器。IEC标准规定了A、B、C三种标准的计权网络，其中最常用的是A计权网络。

声级计按其整机灵敏度精度值，可分为普通声级计（小于±2 dB）和精密声级计（小于±1 dB）。前者用于一般噪声测量，后者用于精密声测、噪声分析和故障诊断。

②频谱分析仪是由声级计、倍频程滤波器或1/3倍频程滤波器以及电平记录仪等构成。在测量系统中引进磁带记录仪，可减少现场测量需要携带的仪器，缩短现场测量时间。在需要测量分析某些瞬时噪声时，尤为重要。

六、无损探伤检测

无损探伤检测简称无损检测。它是在不损伤和不破坏机械或结构的情况下，对它的性质、状态和内部结构等进行评价的各种检测技术。

机械及其零部件在制造过程中，可能产生各种各样的缺陷，如裂纹、疏松、气泡、夹渣、未焊透等。在运行过程中，由于应力、疲劳、振动、腐蚀等因素的影响，各类缺陷又会不断产生和扩展。无损检测不但要测出缺陷的存在，而且要对其做出定量和定性的评定，避免由于机械不必要的检修和零件更换而造成浪费。

无损检测的方法很多，表5-4列出了几种主要的无损检测方法及其适用性和特点。

表5-4　几种主要的无损检测方法及其适用性和特点

字号	检测方法	缩写	检测对象	基本特点
1	内窥镜目视法	—	表面开口缺陷	适于细小构件的内壁检查
2	渗透探伤法	PT	表面开口缺陷	设备简单
3	磁粉探伤法	MT	表面缺陷	仅适于铁磁性材料的设备
4	电磁感应涡流探伤法	ET	表面缺陷	适于导体材料的设备
5	射线探伤法	RT	表层和内部缺陷	直观、体积型缺陷灵敏度高
6	超声波探伤法	UT	表层和内部缺陷	速度快、平面型缺陷灵敏度高
7	声发射检测法	AE	缺陷的扩展	动态检测
8	应变测试法	SM	应变、应力及其方向	动态检测

注：表层缺陷也包括表面开口缺陷。

（一）内窥镜目视法

使用内窥镜可以对机械内部进行目视检查。直型和光导纤维型内窥镜可以直接观察如内燃机汽缸、齿轮箱、密封容器等内部情况。光纤能通过弯曲的线路传送图像，在光纤内，光的传播路线由大量的连续玻璃纤维所组成，它们被配置成能在其一端看到由另一端映入的图像。每一条玻璃纤维的作用就是一根具有反射面的管子（镜筒），从一端进入的光连续地被此内表面反射，直到在另一端被映出为止。利用光纤能将光通过弯曲的线路传送图像的特性，用来对实际无法检查的部位进行目视，尤其适用于机械的状态监测。

（二）渗透探伤法

将渗透剂涂在被测件的表面。当表面有裂口缺陷时，渗透剂就渗透到缺陷中：去除表面多余的渗透剂，再涂以显像剂，在合适光线下观察被放大了的缺陷显示痕迹，据此判断缺陷的种类和大小，这就是渗透探伤法。它是一种最简单的无损探伤方法，可检测表面裂口缺陷，适用于所有材质的零部件和各种形状的表面，具有适用范围广、设备简单、操作方便、检测速度快等特点，是最广泛应用的无损探伤法。

渗透探伤法的基本操作步骤如下。

1. 预处理

零部件表面开口缺陷处的油脂、铁锈及污物等必须清洗干净。

2. 渗透

根据零部件的尺寸、形状和渗透剂种类，采用喷洒或涂刷的方法，在零部件探伤表面覆盖一层渗透剂。由于渗透液体的表面张力所产生的毛细管作用，所以要让渗透剂有足够时间充分地渗入缺陷中。

3. 乳化处理

如使用乳化型渗透剂，应在渗透完成后再喷上乳化剂，它可与不溶于水的渗透剂混合，产生乳化作用，使渗透剂容易被水清洗。

4. 清洗处理

清洗掉被测表面的多余渗透剂，注意不要洗掉缺陷中的渗透剂。

5. 显像

将显像剂涂在被测零部件表面，形成一层薄膜。由于毛细管的作用，渗入缺陷中的渗透剂被吸出并扩散进入显像剂薄膜之中，形成带色的显示痕迹。如采用荧光渗透剂时，在暗室内用紫外线照射，能形成黄绿色荧光，据此可判断缺陷的类型和大小。如采用着色渗透剂时，在一定亮度的可见光下即可观察。

6. 后处理

探伤结束后，清除残留的显像剂，以防腐蚀被检测零部件的表面。

渗透探伤法的优点是：成本低，设备简单，操作方便，应用范围广，灵敏度比人眼直接观察高出 5~10 倍，可在被测部位得到直观显示。其缺点是：仅适用于表面开口缺陷的探伤，灵敏度不太高，不利于实现自动化，无深度显示。

（三）磁粉探伤法

铁磁性材质（铁、镍、钴）的零部件，其表面或近表层有缺陷时，一旦被强磁化，会有部分磁力线外溢形成漏磁场，它对施加到零部件表面的磁粉产生吸附作用，因而能显示出缺陷的痕迹。用这种由磁粉痕迹来判断缺陷位置和大小的方法，称为磁粉探伤法。

磁粉有普通磁粉和荧光磁粉两种。一般使用普通磁粉，只有在检验暗色工件并有荧光设备时，才使用荧光磁粉。使用的磁粉又有干磁粉和磁粉液两种。使用磁粉液清晰度较高，因而广泛采用。其配制是在每升柴油与变压器油的混合油中加入 1~10 g 磁粉。

常用的便携式磁粉探伤装置有触头（或称磁锥）、磁轭（永久磁轭或电磁轭）和旋转电磁等装置。

磁粉探伤有足够的可靠性，对工件外形无严格要求，设备简单，容易操作。不足之处是只能探测铁磁性材料的表面和近表面缺陷，一般深度不超过几毫米。

零部件经过磁粉探伤后，必须进行退磁处理。

（四）电磁感应涡流探伤法

电磁感应探伤就是采用高频交变电压通过检测线圈在被测物的导体部分感应出涡流，在缺陷处涡流将发生变化，通过检测线圈来测量涡流的变化量，据此来判断缺陷的种类、形状和大小。由于探伤深度、速度和灵敏度都与激励频率有关，为了扩大应用范围，目前已向多频涡流方向发展。

这种仪器可用于黑色和有色金属，但对于不同材料，必须使用不同的探测头，并按所测材料校准仪器。

（五）射线探伤法

射线探伤法是利用射线有穿透物质的能力。当射线在穿透物体的过程中，由于受到吸收和散射，其强度要减弱，其减弱的程度取决于物体的厚度、材质及射线的种类。当物体有气孔等体积缺陷时，射线就容易通过；反之，若混有易吸收射线的异物夹杂时，射线就难以通过。将强度均匀的射线照射所检测的物体，使透过物体的射线在照相底片上感光，把底片显影后，就得到检测物体内部结构或缺陷相对应的黑度不同的底片。观察底片就可以确定缺陷的种类、大小和分布状况，这就是射线探伤法。

用于探伤的射线有 X 和 Y 两种，检测机械一般用 X 射线。由于这种射线对人身有影响，使用时要注意对人体屏蔽防护。

（六）超声波探伤

发射的高频超声波（1~10 MHz），从探头射入被检物中，若其内部有缺陷，则一部分射入的超声波在缺陷处被反射或衰减，然后经探头接收后再放大，由显示的波形来确定缺陷的危害程度，这就是超声波探伤法。

超声波和射线是两种最主要的无损检测方法，其主要性能特点对比如表 5-5 所示。

表 5-5　超声波和射线探伤主要性能对比

种　类	特　点					
	可测厚度	成本	速度	对人体	敏感的缺陷类型	显示特点
超声波	大	低	快	无害	平面型缺陷	当量大小
射线	较小	高	慢	有害	体积型缺陷	直观形状

为了对缺陷进行定位、定量检测和定性分析，在选择超声波探伤仪时要考虑的主要性能指标有：

①灵敏度（包含发射强度、放大增益等指标）。

②分辨力（包括盲区和远距离分辨力）。

③垂直和水平线性。

④动态范围。

⑤频率响应特性。

此外，根据检测对象，合理选择探头的频率和角度等参数与探伤仪相匹配，以便得到理想的探伤效果。

（七）声发射检测法

当机械的某些部位的缺陷在外力或内应力作用下发生扩展时，由于能量释放会产生声波并向四周传播，安放在被测表面上的传感器接收到这种信号，经放大和数据处理来确定声源的位置和信号的特征，以判断缺陷的发展情况，这就是声发射检测。声发射信号的基本特征参数有幅度、计数（包括计数率或总计数）、持续时间、平均信号强度、信号到达的时差等。在进行声发射检测前，应根据现场周围环境的噪声情况，选择表5-6所列的抗干扰措施。

表 5-6　抗干扰措施

序号	鉴别方式	技术措施	作　用
1	频率鉴别	选择传感器和滤波器的频率响应范围	可排除机械振动、摩擦等噪声
2	幅度鉴别	设置固定或浮动门槛电平	可排除低电平的高低频干扰
3	时间鉴别	设置上升时间和持续时间选通"窗口"	可排除机械和天电干扰
4	空间鉴别	在被测四周设置隔离传感器	可排除外来的干扰

（八）应变检测法

应变检测，是当各种机械有外力作用时通过它来获得各部分应变大小、应力状态，判断各部件的尺寸、形状和所用材料是否合理，它作为一种动态无损检测，也最为安全。它往往和声发射技术综合起来使用，在声发射源的位置，测量其应变大小和应力集中状况及主应力的方向、大小等，来帮助对声发射源的危害程度做出评定。

主要应变检测法有电阻应变法、光弹法、莫尔法、X射线残余应力测试等多种方法及手段。

第六章 典型机械设备的维修

第一节 普通机床类设备的维修

一、卧式车床的修理

（一）车床修理前的准备工作

卧式车床是加工回转类零件的金属切削设备，属于中等复杂程度的机床，在结构上具有一定的典型性。下面以 CA6140 为例加以说明。

卧式车床在经过一个大修周期的使用后，由于主要零件的磨损、变形，使机床的精度及主要力学性能大大降低，要对其进行大修。卧式车床修理前，应仔细研究车床的装配图，分析其装配特点，详细了解其修理要求和存在的主要问题，如主要零部件的磨损情况，机床的几何精度、加工精度降低情况，以及运转中存在的问题。据此提出预检项目，预检后确定具体的修理项目及修理方案，准备专用工具、检具和测量工具，确定修理后的精度检验项目及试车验收要求。

（二）机床导轨的修理

机床床身导轨既是机床运动零件的基准，又是很多结构件的测量基准，因此导轨的精度直接影响机床的工作精度和机床构件的相互位置精度。一般情况下，导轨的损伤或其精度的下降程度决定了机床是否要进行大修。导轨修理是机床修理中最重要的内容之一。

由于导轨副的运动导轨和床身导轨直接接触并做相对运动，它们在工作过程中受到重力、切削力等载荷的作用，不可避免地会产生非均匀磨损。尤其在启动或静止过程中，难以形成流体摩擦状态，加上部分导轨暴露在外，防屑、防尘条件较差，长期使用后会导致局部磨损、拉毛、咬伤、变形等损伤，结果是导轨的精度下降。如果导轨在垂直和水平平面内的直线度、平面度或导轨之间的平行度和垂直度等下降，必须及时进行修理。

1. 床身导轨修理前的检测

着手修理前，应对导轨进行清理和检测。导轨的检测，一是可用肉眼检查表面是否拉毛、咬伤、碰伤以及局部磨损，二是可对导轨各项精度的实际状况进行技术测量。对导轨进行测量前，应对机床床身进行正确的安装。导轨的测量内容包括 V 形导轨对齿条平面平行度的测量、床身导轨在水平面的直线度的测量、尾座导轨对床鞍导轨的平行度测量、测量导轨对床鞍导轨的平行度误差。

2. 床身导轨的刮研

①粗刮溜板导轨表面。刮研前，首先测量导轨面对齿条安装面的平行度误差，分析该项误差与床身导轨直线度误差之间的相互关系，从而确定刮研量及刮研部位。然后用平尺拖研及刮研表面。在刮研时，随时测量导轨面对齿条安装面之间的平行度误差，并按导轨形状修刮好角度底座。粗刮后导轨全长上须呈中凸状，直线度误差应不大于 0.1 mm，并且接触点应均匀分布，使其在精刮过程中保持连续表面。在 V 形导轨初步刮研至要求后，再次测量导轨对齿条安装平面平行度，在同时考虑此精度的前提下，用平尺拖研并粗刮表面，表面的中凸应低于 V 形导轨。

②精刮溜板导轨表面。先按床身导轨精度最佳的一段配刮床鞍，利用配刮好的床鞍与粗刮后的床身相互配研，精刮导轨面。

③刮研尾座导轨面。用平行平尺拖研及刮研表面，粗刮时测量每条导轨面对床鞍导轨的平行度误差。在表面粗刮达到全长上平行度误差为 0.05 mm 的要求后，用尾座底板作为研具进行精刮，接触点在全部表面上要均匀分布，使导轨面在刮研后达到修理要求。

3. 床身导轨的精刨或精车修理

导轨刮研的工作量很大，尤其是大型、重型机床床身导轨又长又宽，圆锥或圆环形导轨直径大，人工刮研法劳动强度大、工效低，必须设法用机床加工方法代替刮研。对于未经淬硬处理的导轨面，可采用精刨直导轨或精车圆导轨的方法修理，精刨法和精车法的精度，一般低于刮研法和精磨法。

（1）工作母机运动精度的调整和刀具的选择

由于导轨的精度直接取决于刨床或车床的精度，因此在修理前要根据导轨的精度要求来调整精刨或精车机床的精度。

精刨刀有用高速钢做的，也有镶硬质合金刀片的。刀杆有直的，也有弯的。根据导轨的形状和位置，精刨刀可分为以下几种：平面导轨精刨刀、垂直平面精刨刀、导轨下部滑面精刨刀、V 形导轨精刨刀、燕尾导轨精刨刀。具体的刀具结构和制造工艺可根据需要查阅有关手册。

（2）基本操作工艺

机床导轨在精刨或精车前一般要预加工，去除导轨表面的拉毛、划伤、不均匀磨损或床身的扭曲变形，表面粗糙度 Ra 值达 5 μm 时即可精刨或精车。

精刨或精车时，应尽可能使导轨处于自由状态，减少装夹所产生的内应力。一般精刨或精车三刀或四刀，总加工余量为 0.08~0.10 mm。切削速度为 3~5 m/min，第一刀切削深度为 0.04 mm，第二、三刀切削深度为 0.02~0.03 mm，最后在无进给下往复两次。为了正确掌握进给深度，必须用百分表测量，以控制刀架的进给深度。

在精刨或精车时，用洁净的煤油不间断地润滑刀具，中途不允许停车，以免产生刀痕。

精刨或精车法修理导轨，去除的金属层比刮研法和精磨要多，多次修理会影响机床导轨的刚度，因此要尽量控制切削量。

4. 机床导轨的精磨修理

"以磨代刮"是除"以刨代刮"外，在机床导轨表面精加工时常用的另一种工艺方法。特别是经淬硬处理的导轨面的修复加工，一般均采用磨削工艺，刮研和精刨法都难以适用。

（1）导轨的磨削方法

①端面磨削。砂轮端面磨削的设备，磨头结构较简单，万能性较强，目前在机修上应用较广泛。但其缺点是生产效率和加工表面粗糙度都不如周边磨削，且难于实现采用冷却液进行湿磨，要采取其他冷却措施来防止工件的发热变形。磨削时工件的进给速度：粗磨为 5~7 m/min，精磨为 0.8~2 m/min。表面粗糙度 Ra 值可达到 1.25 μm。若磨头和机床的精度高，且操作掌握得好，Ra 值也能达到 0.63 μm。

②周边磨削。其生产效率和精度虽然比较高，但磨头结构复杂，要求机床刚度好，且万能性不如端面磨削，因此目前在机修中应用较少。磨削时工件进给速度：粗磨可达 20 m/min，精磨为 1.8~2.5 m/min。表面粗糙度 Ra 值可达到 1.25 μm，较高精度的磨头 Ra 值可达 0.32 μm。磨削时可加大量切削液，因此可避免工件的发热变形。

（2）导轨磨削的设备

导轨磨床按其结构特点，可分为双柱龙门式、单柱工作台移动式和单柱落地式。此外，利用原有龙门刨床加装磨头也可进行磨削。其中龙门式主要采用周边磨削法，落地式主要采用端面磨削法。落地式导轨磨床主要有两个优点：一是在落地式和龙门式导轨磨床床身长度相等的情况下，前者可磨削导轨的长度几乎是后者的两倍；二是落地式导轨磨床的适用性更加广泛，如在某地平台中设置地坑，地坑的上部装有可随时拆装的与地平台结构基本相同的构件，则可磨削大型立式车床、龙门刨床、龙门铣床等机床的立柱。因此，维修企业大多采用落地式导轨磨床，对各类机床的床身、工作台、溜板、横梁、立柱、滑枕等导轨进行修理。

（3）导轨磨削工艺

①工件的装夹。工件装夹的原则是：尽可能使工件处于自由状态，减少装夹产生的内应力。对于一些细长形床身零件，由于刚度不够好，在装夹时要采用多点支承，垫铁位置应和说明书上规定的安装用机床垫铁位置一致，并使各垫铁支承点受力均匀。对于长工作台的装夹，为了防止自重及磨削变形，还应增加一定数量的"千斤顶"做辅助支承。对于小床身或其他零件，装夹时一般采用三点支承，在工件的侧向另加六个夹紧螺钉，既可用来找正工件，又可防止工件在磨削过程中发生水平方向的位移。对某些刚度差的床身，在磨削时应尽可能接近于装配后的情况，将有关部件或配重装上后再进行磨削，如磨床类床身要将操纵箱装上后进行磨削或按等力矩原则装上配重，以保证总装后的精度。

②床身或其他工件的找正。找正的原则是：以机床床身上移动部件的装配面或基准孔（如轴承孔）的轴心线为基准，在水平和垂直方向分别找正。在磨削导轨时，既要恢复移动部件的直线移动，又要保持导轨与移动部件的位置关系，不能仅考虑最小磨削量而忽略它们。否则，在总装时往往会影响到装配质量甚至发生故障。例如车床床身，应考虑导轨与进给箱安装平面（即水平方向）和齿条安装平面（即垂直方向）的关系，否则可能造成导轨面与三杆平行度的超差。

③防止磨削时的热变形。各类磨床在磨削工件时，都要向砂轮切削工件处喷射冷却液，以带走切削热、冲刷砂轮和带走切屑，即"湿磨法"。但对于一般企业来说，常用的落地式导轨磨床难以实现。若采用"干磨法"，工件磨削发热后中间凸起，被多磨去一些，冷却后就变成中凹。针对这种情况，常可采用以下措施来防止热变形：在磨削中采用风扇吹风，使零件冷却；或在粗磨后在导轨上擦酒精，使酒精蒸发，带走床身上的热量后再精磨；此外，在磨削导轨的过程中，常常在磨削一段时间后，就停机等待自然冷却或吹冷后再进行磨削。

④砂轮的选择。磨削导轨对砂轮的要求是：发热少、自砺性好、具有较高的切削性和能获得较小的粗糙度值。

5. 导轨的镶装、黏接等方法修理

在导轨上镶装、黏接、涂覆各种耐磨塑料和夹布胶木或金属板，也是实际工作中常用的导轨修复方法。由于镶装的这些材料摩擦因数小，耐磨性好，使部件运行平稳，大大减少了低速爬行现象，还可以补偿导轨磨损尺寸，恢复原机床尺寸链。例如，龙门刨床和立式车床工作台导轨，通常采用镶装、黏接夹布胶木和铜锌合金板的方法修复；平面磨床和外圆磨床工作台导轨通常采用黏接聚四氟乙烯（PTFE）薄板的方法修复；普通车床拖板导轨通常采用涂覆 HNT 耐磨涂料的方法修复。

近年来，国内外在机床制造和维修中还广泛采用了导轨的软带修复这一先进技术。软带是一种以聚四氟乙烯为基料，添加适量青铜粉、二硫化铝、石墨等填充剂所构成的高分子复合材料，或称填充聚四氟乙烯导轨软带。将软带用特种黏接剂黏接在导轨面上，就能大大地改善导轨的工作性能，延长使用寿命。因为所黏接的软带具有特别高的耐磨性能和很低的滑动阻力，吸振性能好，耐老化，不受一般化学物质的腐蚀（除强酸和氧化剂外），自润滑性好。如果修复后的软带导轨又磨损至不能满足工作要求时，可将原软带剥去，胶层清除干净后，重新黏接新的软带即可，非常简便。

6. 导轨面局部损伤的修复

导轨面常见的局部损伤有碰伤、擦伤、拉毛、小面积咬伤等，有些伤痕较深。此外，有时还存在砂眼、气孔等铸造缺陷。如果按传统方法将整个导轨面刨去一层，再进行刮研或精磨，工作量太大又缩短导轨使用寿命。此时采用焊、镶、补的方法及时进行修复，可防止其恶化。

①焊接。例如可采用黄铜丝气焊、银锡合金钎焊、锡铋合金钎焊、特制镍焊条电弧冷焊、奥氏体铁铜焊条堆焊、锡基轴承合金化学镀铜钎焊等。

②黏接。用有机或无机黏接剂直接黏补，例如用 AR 系列机床耐磨黏接剂、KH－501 合金粉末黏补，HNT 耐磨涂料涂覆等。黏接工艺简单，操作方便，应用较多。

③刷镀。当机床导轨上出现 1~2 条划伤或局部出现凹坑时，采用刷镀修复，不仅工艺简单，而且修复质量好。

（三）溜板部件的修理

溜板部件由床鞍、中滑板和横向进给丝杠螺母副等组成，它主要担负着机床纵、横向进给的切削运动，它自身的精度及其与床身导轨面之间配合状况良好与否，将直接影响加工零件的精度和表面粗糙度。

1. 溜板部件修理的重点

①保证床鞍上、下导轨的垂直度要求。修复上、下导轨的垂直度实质上是保证中滑板导轨对主轴轴线的垂直度。

②补偿因床鞍及床身导轨磨损而改变的尺寸链。由于床身导轨面和床鞍下导轨面的磨损、刮研或磨削，必然引起溜板箱和床鞍倾斜下沉，使进给箱、托架与溜板箱上丝杠、光杠孔不同轴，同时也使溜板箱上的纵向进给齿轮啮合侧隙增大，改变了以床身导轨为基准的与溜板部件有关的几组尺寸链精度。

2. 溜板部件的刮研工艺

卧式车床在长期使用后，床鞍及中滑板各导轨面均已磨损，须修复。在修复溜板部件时，应保证床鞍横向进给丝杠孔轴线与床鞍横向导轨平行，从而保证中滑板平稳、均匀地移动，使切削端面时获得较小的表面粗糙度值。因此，床鞍横向导轨在修刮时，应以横向进给丝杠安装孔为修理基准，然后再以横向导轨面作为转换基准，修复床鞍纵向导轨面，其修理过程如下：

①刮研中滑板表面。用标准平板做研具，拖研中滑板转盘安装面和床鞍接触导轨面。一般先刮好表面，当用 0.03 mm 塞尺不能插入时，观察其接触点情况，达到要求后，再以平面为基准校刮表面，保证表面的平行度误差不大于 0.02 mm。

②刮研床鞍导轨面。将床鞍放在床身上，用刮好的中滑板为研具拖研表面，并进行刮削，拖研的长度不宜超出燕尾导轨两端，以提高拖研的稳定性，表面采用平尺拖研，刮研后应与中滑板导轨面配刮角度，在刮研表面时应保证与横向进给丝杠安装孔的平行度。

③刮研中滑板导轨面。以刮好的床鞍导轨面与中滑板导轨面互研，通过刮研达到精度要求。

④刮研床鞍横向导轨面。配置塞铁，利用原有塞铁装入中滑板内配刮表面，刮研时保证导轨面与导轨面的平行度误差，使中滑板在溜板的燕尾导轨全长上移动平稳、均匀。如果由于燕尾导轨的磨损或塞铁磨损严重，塞铁不能用时，须重新配置塞铁，可更换新塞铁或对原塞铁进行修理，修理塞铁时可在原塞铁大端焊接一段使之加长，再将塞铁小头截去一段，使塞铁工作段的厚度增加；也可在塞铁的非滑动面上粘一层尼龙板、聚四氟乙烯胶带或玻璃纤维板，恢复其厚度。配置塞铁后应保持大端尚有 10~15 mm 的调整余量，在修刮塞铁的过程中应进一步配刮面，以保证燕尾导轨与中滑板的接触精度，要求在任意长度上用 0.03 mm 塞尺检查，插入深度不大于 20 mm。

⑤修复床鞍上、下导轨的垂直度。将刮好的中滑板在床鞍横向导轨上安装好，检查床鞍上、下导轨垂直度误差。若超过允差，则修刮床鞍纵向导轨面，使之达垂直度要求。在修复床鞍上、下导轨垂直度误差时，还应测量床鞍上溜板结合面对床身导轨的平行度以及该结合面对进给箱结合面的垂直度，使之在规定的范围内，以保证溜板箱中的丝杠、光杠孔轴线与床身导轨平行，使其传动平稳。

⑥校正中滑板导轨面。测量滑板上转盘安装面与床身导轨的平行度误差，测量位置接近床头箱处，此项精度误差将影响车削锥度时工件母线的正确性，若超差则用小平板对表面刮研至要求。

3. 溜板部件的拼装

①床鞍与床身的拼装。主要是刮研床身的下导轨面及配刮两侧压板。首先测量床身上、下导轨面的平行度，根据实际误差刮削床身下导轨面，使之达到对床身上导轨面的平行度误差在 1000 mm 长度上不大于 0.02 mm，全长不大于 0.04 mm。然后配刮压板，使压

板与床身下导轨面的接触精度为 6~8 点/25 mm×25 mm，刮研后调整紧固压板全部螺钉，应满足如下要求：用 250~360 N 的推力使床鞍在床身全长上移动无阻滞现象，用 0.03 mm 塞尺检验接触精度，端部插入深度小于 20 mm。

②中滑板与床鞍的拼装。包括塞铁的安装及横向进给丝杠的安装。塞铁是调整中滑板与床鞍燕尾导轨间隙的调整环节，塞铁安装后应调整其松紧程序，使中滑板在床鞍上横向移动时均匀、平稳。

横向进给丝杠一般磨损较严重，而丝杠的磨损会引起横向进给传动精度降低、刀架窜动、定位不准，影响零件的加工精度和表面粗糙度，一般应予以更换，也可采用修丝杠、配螺母、修轴颈、更换或镶装铜套的方式进行修复。首先垫好螺母垫片（可估计垫片厚度 △值并分成多层），再用螺钉将左、右螺母及楔块挂住，先不拧紧，然后转动丝杠，使之依次穿过丝杠右螺母、楔块、丝杠左螺母，再将小齿轮、法兰盘、刻度盘、双锁紧螺母，按顺序安装在丝杠上。旋转丝杠，同时将法兰盘压入床鞍安装孔内，然后锁紧螺母。最后紧固左、右螺母的调节螺钉。在紧固左、右螺母时，须调整垫片的厚度△值，使调整后达到转动手柄灵活，转动力不大于 80N，正反向转动手柄空行程不超过回转轴的 1/20r。

（四）机床主轴部件的修理

主轴部件是机床实现旋转运动的执行体，由主轴、主轴轴承和安装在主轴上的传动件、密封件等组成，钻、镗床还包括轴套和镗杆等。除直线运动机床外，各种旋转运动机床都有主轴部件，带动工件或刀具旋转，都要传递动力和直接承受切削力，要求其轴心线的位置准确稳定。其回转精度决定了工件的加工精度，旋转速度在很大程度上影响机床的生产率。因此主轴部件是机床上的一个关键部件，其修理的目的是恢复或提高主轴部件的回转精度、刚度、抗震性、耐磨性，并达到温升低、热变形小的要求。

1. 轴的修理

（1）主轴磨损或损伤的情况

各类机床主轴的结构形式、工作性质及条件各不相同，磨损或损坏的形式和程度也不一致，但总体来说，主轴的磨损常发生于以下部件。

①与滚动轴承或滑动轴承配合的轴颈或端面。

②与工件或刀具（包括夹头、卡盘等）配合的轴颈或锥孔。

③与密封圈配合的轴颈。

④与传动件配合的轴颈。

这些部位的磨损，若使主轴部件的工作质量下降，直接影响机床的加工精度和生产率时，必须及时修理。修理前根据主轴图样对主轴的尺寸精度、几何精度、位置精度和表面粗糙度进行检查。对于与滑动轴承配合的轴颈，若发现表面变色，应检查该处表面硬度。对于高速旋转的主轴，必要时应进行探伤检查。

经检查后，主轴有下列缺陷之一者，应予以修复：

①有配合关系的轴颈表面有划痕或其粗糙度 Ra 值比图样要求的大一级或大于 $0.8~\mu m$。

②与滑动轴承配合的轴颈，其圆度和圆柱度超过原定公差。

③与滚动轴承配合的轴颈，其直径尺寸精度超过原图样配合要求的下一级配合公差，或其圆度和圆柱度超过原定公差。

④有配合关系的轴颈孔、端面之间的相对位置误差超过原图样规定公差。

（2）主轴的修理方法

如上所述，主轴的损伤主要是发生在有配合关系的轴颈表面，以下几种方案常用于修理主轴的这些部位：

①修理尺寸法。即对磨损表面进行精磨加工或研磨加工，恢复配合轴颈表面几何形状、相对位置和表面粗糙度等精度要求，调整或更换与主轴配合的零件（如轴承等），保持原来的配合关系。采用此法时，要注意被加工后的轴颈表面硬度不低于原图样要求，以保证零件修后的使用寿命。

②标准尺寸法。即用电镀（主要是刷镀）、堆焊、黏接等方法在磨损表面覆盖一层金属，然后按原尺寸及精度要求加工，恢复轴颈的原始尺寸和精度。修理尺寸法在工艺及其装备上较简单、方便，在许多场合下只需将不均匀磨损或其他损伤的表面进行机械加工，修复速度快、成本低。

2. 主轴轴承的修理

主轴部件上所用的轴承有滚动轴承和滑动轴承。滑动轴承具有工作平稳和抗震性好的特点，这是滚动轴承所难以替代的，而且各种多油楔的动压轴承及静压轴承的出现，使滑动轴承的应用范围得以扩大，特别是在一些精加工机床上，如外圆磨床、精密车床上均采用了滑动轴承。

（1）滚动轴承的调整和更换

机床主轴的旋转精度在很大程度上是由轴承决定的。对于磨损后的滚动轴承，精度已丧失，应更换新件。对于新轴承或使用过一段时期的轴承，若间隙过大则须调整，以恢复精度，直至轴承损坏不能使用为止。

在滚动轴承的装配和调整中，保持合理的轴承间隙或进行适当的预紧（负间隙），对主轴部件的工作性能和轴承寿命有重要的影响。当轴承有较大的径向间隙时，会使主轴发生轴心位移而影响加工精度，且使轴承所承受的载荷集中于加载方向的一两个滚子上，这就使内、外圈滚道与该滚子的接触点上产生很大的集中应力，发热量和磨损变大，使用寿命变短，并降低了刚度。当滚动轴承正好调整到零间隙时，滚子的受力状况较为均匀。当轴承调整到负间隙即过盈时，例如在安装轴承时预先在轴向给它一个等于径向工作载荷20%~30%的力，使它不但消除了滚道与滚子之间的间隙，还使滚子与内、外圈滚道产生了一定的弹性变形，接触面积增大，刚度也增大，这就是滚动轴承的预紧或预加载荷。当受到外部载荷时，轴承已具备足够的刚度，不会产生新的间隙，从而保证了主轴部件的回转精度和刚度，提高了轴承的使用寿命。值得注意的是，在一定的预紧范围内，轴承预紧量增加，刚度随之增加，但预加载荷过大对提高刚度的效果不但不显著，而且磨损和发热量还大为增加，大大地降低了轴承的使用寿命。一般来说，滚子轴承比滚珠轴承允许的预加载荷要小些；轴承精度越高，达到同样的刚度所需要的预加载荷越小；转速越高，轴承精度越低，正常工作所要求的间隙越大。滚动轴承的调整和预紧方法，基本上都是使其内、外圈产生相对轴向位移，通常通过拧紧螺母或修磨垫圈来实现。

（2）轴承预紧量的确定方法

①测量法。在平板上放置一个专用的测量支体，再在轴承的外圈上加压一重锤，其重量为所需的预加负荷值。轴承在重锤的作用下消除了间隙，并使滚子与滚道产生一定的弹性变形。用百分表测量轴承内、外圈端面的尺寸差 Δh，即为单个轴承的内、外圈厚度差。对于机床主轴承常见的、成对使用的轴承，两个轴承内、外圈厚度差值的总和，即为两轴承之间内、外垫圈厚度的差值 ΔL。

其中的预加负荷值一般要大于或等于工作载荷，最小预加负荷值可按下列经验公式计算

$$A_{\mathrm{Dmin}} = 1.58R\tan\beta \pm 0.5A \qquad (6-1)$$

式中 A_{Dmin} ——轴承的最小预加负荷量；

R——作用在轴承上的径向载荷；

A——作用在轴承上的轴向载荷；

B——轴承的计算接触角。

成对使用的轴承中，每个轴承都按这个公式计算。式中"+"号用于轴间工作载荷使预加过盈值减小的那个轴承，"-"号用于轴间工作载荷使预加过盈值加大的那个轴承。ADmin 按所求得两个值中的大者选取。

②感觉法。此类方法不需要任何测量仪器，只根据修理人员的实际经验来确定内、外隔圈的厚度差，应用也较广泛。常见的有下列几种方法：

方法一：将成对选好的轴承以背对背方式或面对面同向排列安放，中间垫好内、外隔圈，下部再放一内隔圈，上部压上相当于预加负荷量的重物，重约 5~20 kg（具体值可由

上述经验公式计算或查表得出）。外隔圈事先在120°三个方向上分别钻三个φ2~4 mm的小孔，用φ1.5 mm左右的钢丝依次通过小孔触动内隔圈，检查内、外隔圈在两轴承端面的阻力，要求凭手的感觉使内、外隔圈的阻力相等。如果阻力不等，应将阻力大的隔圈的端面通过研磨，减小厚度直至感觉到阻力一致为止。

方法二：左手以两只手指消除两只轴承的全部间隙并加压紧力（一般相当于5 kg左右的预加负荷值重物），右手以手指分别拨动内、外隔圈，检查其阻力是否相等，如果阻力不等，则研磨隔圈至规定要求。

方法三：用双手的大拇指及食指消除两只轴承的全部间隙，另以一只中指伸入轴承内孔拨动原先放入的内隔圈，检查其阻力是否与外隔圈相似。

（3）装配

轴承的装配除按上述方法确定好预紧负荷和内、外隔圈的厚度外，还要注意以下几点：

①轴承必须经过仔细的选配，以保证内圈与主轴、外圈与轴承孔的间隔适中。

②严格清洗轴承，切勿用压缩空气吹转轴承，否则压缩空气中的硬性微粒会将滚道拉毛。清洗后用锂基润滑脂做润滑材料为好，但润滑材料量不宜过多，以免温升过高。

③装配时严禁直接敲打轴承。可使用液压推拔轮器，也可用铜棒或铜管制成的各种专用套筒或手锤均匀敲击轴承的内圈或外圈；配合过盈量较大时，可用机械式压力机或油压机装压轴承；除内部充满润滑油脂、带防尘盖或密封圈的轴承外，有些轴承还可采用温差法装配，即将轴承放在油浴中加热80~100℃，然后进行装配。

④轴承定向装配可减少轴承内圈偏心对主轴回转精度的影响。其方法是：在装配前先找出前、后滚动轴承（或轴承组）内圈中心对其滚道中心偏心方向的各最高点（即内环径向跳动最高点），并做出标记。再找出主轴前端锥孔（或轴颈）轴线偏心方向的最低点也做出标记。装配时，使这三点位于通过主轴轴线的同一平面内，且在轴线的同一侧。尽管主轴和滚动轴承均存在一定的制造误差，但这样装配的结果使主轴在其检验处的径向圆跳动量可达到最小。

（4）滑动轴承的修理、装配与调整

滑动轴承按其油膜形成的方式，可分为流体或气体静压轴承和流体动压轴承；按其受力的情况，可分为径向滑动轴承和推力滑动轴承。

①静压轴承具有承载能力大、摩擦阻力小（流体摩擦）、旋转精度高、精度保持性好等优点，因此广泛应用在磨床及重型机床上。静压轴承一般不会磨损，但由于油液中极细微的机械杂质的冲击，主轴轴颈仍会产生极细的环形丝流纹，一般采用精密磨床精磨或研磨至 Ra 值为0.16~0.04 μm。若修磨后尺寸减小量在0.02 mm之内，原静压轴承仍可使

用；若主轴与轴承间隙超过了允差范围，或轴承内孔拉毛或有损伤现象，则应更换新轴承，这是因为一般静压轴承与主轴的间隙是无法调整的。在更换新轴承时，轴承与主轴的间隙在制造时给予保证。

②动压轴承磨损的主要原因是润滑油中有机械磨损微粒或润滑不足。修理的目的就是恢复轴承的几何精度和承载刚度。对已磨损或咬伤、拉毛的轴承内孔，要修复其圆度、圆柱度、表面粗糙度、与主轴配合的轴颈和端面的接触面积以及前、后轴承内孔的同轴度；同时还要检查轴承外圆与主轴箱体配合孔的接触精度是否满足规定要求。通常动压轴承内孔表面的粗糙度 Ra 值应不大于 $0.4~\mu m$。

动压轴承内孔与主轴轴颈的配合间隙直接影响主轴的回转精度和承载刚度。间隙越小，承载能力越强，回转精度越高。但间隙过小也受到润滑和温升等因素的限制。动压轴承的径向间隙一般按如下选取：高速和受中等载荷的轴承，取轴颈直径尺寸的 $0.025\% \sim 0.04\%$；高速和受重载的轴承，取轴颈直径尺寸的 $0.02\% \sim 0.03\%$；低速和受中等载荷的轴承，取轴颈直径尺寸的 $0.01\% \sim 0.012\%$；低速和重载的轴承，取轴颈直径尺寸的 $0.007\% \sim 0.01\%$。

由于磨损，轴承内孔与主轴轴颈间的配合间隙将逐渐变大。绝大多数动压滑动轴承的间隙是可调整的，只要轴承没有损坏，且有一定修理和调整余量，就可不必更换轴承而只需进行必要的修理和调整即可继续使用。

轴承间隙的调整方式有径向和轴向两种。

径向调整间隙的轴承一般为剖分式、单油楔动压轴承和多油楔（三瓦或五瓦式）自动调位轴承。剖分式轴承旋转不稳定、精度低，多用于重型机床主轴。修理时，先刮研剖分面或调整剖分面处垫片的厚度，再刮研或研磨轴承内孔直至得到适当的配合间隙和接触面，并恢复轴承的精度。单油楔动压轴承和多油楔（三瓦或五瓦式）自动调位轴承旋转精度高，刚度好，多用于磨床砂轮主轴。修理时，可采用主轴轴颈配刮或研磨方法修复轴承内孔，用球面螺钉调整径向间隙至规定的要求。

轴向调整间隙的轴承一般分为外柱内锥式和外锥内柱式。主轴前轴承采用外柱内锥整体成型多油楔轴承，径向间隙由螺母来调整，轴承内锥孔可用研磨法或与主轴轴颈配刮方法修理；主轴后轴承采用外锥（内柱）薄壁变形多油楔轴承，径向间隙由螺母来调整，轴承内孔也采用研磨或与主轴轴颈配刮的方法修理。

滑动轴承外表面与主轴箱体孔的接触面积一般应在60%以上。而活动三瓦式自动调位轴承的轴瓦与球头支点间保持80%的接触面积时，轴承刚性较高，常通过研磨轴瓦支承球面和支承螺钉球面来保证。

轴向止推滑动轴承精度的修复可以通过刮研、精磨或研磨其两端面来解决。修复后调整主轴，使其轴向窜动量在允差范围以内。

主轴部件修理完毕后，要检查主轴有关精度，如有精度超差，则应找出原因并进行调整和返修，直到合格。

机床修理后，须开车检查主轴运转温升，如超过标准，应检查原因进行调整，使温升达到规定要求。机床主轴在最高速运转时，主轴规定温度要求如下：滑动轴承不超过60℃，温升不超过30℃；滚动轴承不超过70℃，温升不超过40℃。

（五）主轴箱部件的修理

主轴箱部件由箱体、主轴部件、各传动件、变速机构、离合器机构、操纵机构等部分组成。主轴箱部件是卧式车床的主运动部件，要求有足够的支承刚度、可靠的传动性能、灵活的变速操纵机构、较小的热变形、低的振动噪声、高的回转精度等。此部件的性能将直接影响到加工零件的精度及表面粗糙度，此部件修理的重点是主轴部件及摩擦离合器，要特别重视其修理和调整质量。

1. 主轴箱体的修理

主轴箱体检修的主要内容是检修箱体前、后轴承孔的精度，要求 φ160H7 主轴前轴承孔及 0115H7 后轴承孔圆柱度误差不超过 0.012 mm，圆度误差不超过 0.01 mm，两孔的同轴度误差不超过 0.015 mm。卧式车床在使用过程中，由于轴承外圈的游动，造成了主轴箱体轴承安装孔的磨损，影响主轴回转精度的稳定性和主轴的刚度。

修理前可用内径千分表测量前、后轴承孔的圆度和尺寸，观察孔的表面质量，是否有明显的磨痕、研伤等缺陷，然后在镗床上用镗杆和杠杆千分表测量前、后轴承孔的同轴度。由于主轴箱前、后轴承孔是标准配合尺寸，不宜研磨或修刮，一般采用镗孔镶套或镀镍修复。若轴承孔圆度、圆柱度超差不大时，可采用镀镍法修复，镀镍前要修正孔的精度，采用无槽镀镍工艺，镀镍后经过精加工恢复此孔与滚动轴承的公差配合要求；若轴承孔圆度、圆柱度误差过大时，则采用镗孔镶套法来修复。

2. 主轴开停及制动机构的修理

主轴开停及制动操纵机构主要包括双向多片摩擦离合器、制动器及其操纵机构，实现主轴的启动、停止和换向。由于卧式车床频繁开停和制动，使部分零件磨损严重，在修理时必须逐项检验各零件的磨损情况，视情况予以更换和修理。

①在双向多片摩擦离合器中，修复的重点是内、外摩擦片，当机床切削载荷超过调整好的摩擦片所传递的力矩时，摩擦片之间就产生相对滑动现象，多次反复其表面就会被研出较深的沟槽。当表面渗碳层被全部磨掉时，摩擦离合器就失去功能，修理时一般更换新的内、外摩擦片。若摩擦片只是翘曲或拉毛，可通过延展校直工艺校平和用平面磨床磨

平，然后采取吹砂打毛工艺来修复。

元宝形摆块及滑套在使用中经常做相对运行，在两者的接触处及元宝形摆块与拉杆接触处产生磨损，一般是更换新件。

②当摩擦离合器脱开时，使主轴迅速制动。由于卧式车床的频繁开停使制动机构中制动钢带和制动轮磨损严重，所以制动带的更换、制动轮的修整、齿条轴凸起部位的焊补是制动机构修理的主要任务。

3. 主轴箱变速操纵机构的修理

主轴箱变速操纵机构中各传动件一般为滑动摩擦，长期使用中各零件易产生磨损，在修理时须注意滑块、滚柱、拨叉、凸轮的磨损状况。必要时可更换部分滑块，以保证齿轮移动灵活、定位可靠。

4. 主轴箱的装配

主轴箱各零部件修理后应进行装配调整，检查各机构、各零件修理或更换后能否达到组装技术要求。组装时按先下后上、先内后外的顺序，逐项进行装配调整，最终达到主轴箱的工作性能及精度要求。主轴箱的装配重点是主轴部件的装配与调整，主轴部件装配后，应在主轴运转达到稳定的温升后调整主轴轴承间隙，使主轴的回转精度达到如下要求：

①主轴定心轴颈的径向圆跳动误差小于 0.01 mm。

②主轴轴肩的端面圆跳动误差小于 0.015 mm。

③主轴锥孔的径向圆跳动靠近主轴端面处为 0.015 mm，距离端面 300 mm 处为 0.025 mm。

④主轴的轴向窜动为 0.01~0.02 mm。

除主轴部件调整外，还应检查并调整使齿轮传动平稳，变速操纵灵敏准确，各级转速与铭牌相符，开、停机可靠，箱体温升正常，润滑装置工作可靠等。

5. 主轴箱与床身的拼装

主轴箱内各零件装配并调整好后，将主轴箱与床身拼装。然后测量床鞍移动对主轴轴线的平行度，通过修刮主轴箱底面，使主轴轴线达到下列要求：

①床鞍移动对主轴轴线的平行度误差在垂直面内 300 mm 长度上不大于 0.03 mm，在水平面内 300 mm 长度上不大于 0.015 mm。

②主轴轴线的偏斜方向：只允许心轴外端向上和向前偏斜。

（六）刀架部件的修理

刀架部件包括转盘、小滑板和方刀架等零件。刀架部件是安装刀具、直接承受切削力的部件，各结合面之间必须保持正确的配合；同时，刀架的移动应保持一定的直线性，避免影响加工圆锥工件母线的直线度和降低刀架的刚度。因此，刀架部件修理的重点是刀架移动导轨的直线度和刀架重复定位精度的修复。刀架部件的修理主要包括小滑板、转盘和方刀架等零件主要工作面的修复。

1. 小滑板的修理

小滑板导轨面可在平板上拖研修刮；燕尾导轨面采用角形平尺拖研修刮或与已修复的刀架转盘燕尾导轨配刮，保证导轨面的直线度及与丝杠孔的平行度；表面由于定位销的作用留下一圈磨损沟槽，可将表面车削后与方刀架底面进行对研配刮，以保证接触精度；更换小滑板上的刀架转位定位销锥套，保证它与小滑板安装孔 $\varphi22$ mm 之间的配合精度；采用镶套或涂镀的方法修复刀架座与方刀架孔的配合精度，保证 $\varphi48$ mm 定位圆柱面与小滑板上表面的垂直度。

2. 方刀架的刮研

配刮方刀架与小滑板的接触面，配刮方刀架上的定位销，保证定位销与小滑板上定位销锥套孔的接触精度，修复刀架上的刀具夹紧螺纹孔。

3. 刀架转盘的修理

刮研燕尾导轨面，保证各导轨面的直线度和导轨相互之间的平行度。修刮完毕后，将已修复的镶条装上，进行综合检验，镶条调节合适后，小滑板的移动应无轻重或阻滞现象。

4. 丝杠螺母的修理和装配

调整刀架丝杠及与其相配的螺母都属易损件，一般采用换丝杠配螺母或修复丝杠、重新配螺母的方法进行修复。在安装丝杠和螺母时，为保证丝杠与螺母的同轴度要求，一般采用如下两种方法：

①设置偏心螺母法。在卧式车床花盘上装专用三角铁，将小滑板和转盘用配刮好的塞铁楔紧，一同安装在专用三角铁上，将加工好的实心螺母体压入转盘的螺母安装孔内（实心螺母体与转盘的螺母安装孔为过盈配合）；在卧式车床花盘上调整专用三角铁，以小滑板丝杠安装孔找正，并使小滑板导轨与卧式车床主轴轴线平行，加工出实心螺母体的螺纹底孔；然后再卸下螺母体，在卧式车床四爪卡盘上以螺母底孔找正加工出螺母螺纹，最后再修螺母外径以保证与转盘螺母安装孔的配合要求。

②设置丝杠偏心轴套法。将丝杠轴套做成偏心轴套，在调整过程中转动偏心轴套使丝杠螺母达到灵活转动位置，这时做出轴套上的定位螺钉孔，并加以紧固。

（七）进给箱部件的修理

1. 进给箱部件修理

进给箱部件的功用是变换加工螺纹的种类和导程，以及获得所需的各种进给量，主要由基本螺距机构、倍增机构、改变加工螺纹种类的移换机构、丝杠与光杠的转换机构以及操纵机构等组成。其主要修复的内容如下：

①基本螺距机构、倍增机构及其操纵机构的修理。检查基本螺距机构、倍增机构中各齿轮、操纵机构、轴的弯曲等情况，修理或更换已磨损的齿轮、轴、滑块、压块、斜面推销等零件。

②丝杠连接法兰及推力球轴承的修理。在车削螺纹时，要求丝杠传动平稳，轴向窜动小。丝杠连接轴在装配后轴向窜动量不大于 0.008~0.010 mm，若轴向窜动超差，可通过选配推力球轴承和刮研丝杠连接法兰表面来修复。用刮研心轴进行研磨修正，使表面保持相互平行，并使其对轴孔中心线垂直度误差小于 0.006 mm，装配后测量其轴向窜动。

③托架的调整与支承孔的修复。床身导轨磨损后，溜板箱下沉，丝杠弯曲，使托架孔磨损。为保证三支承孔的同轴度，在修复进给箱时，应同时修复托架。托架支承孔磨损后，一般采用镗孔镶套来修复，使托架的孔中心距、孔轴线至安装底面的距离均与进给箱尺寸一致。

2. 溜板箱部件修理

溜板箱固定安装在沿床身导轨移动的纵向溜板下面，其主要作用是将进给箱传来的运动转换为刀架的直线移动，实现刀架移动的快慢转换，控制刀架运动的接通、断开、换向以及实现过载保护和刀架的手动操纵。溜板箱部件修理的主要工作内容有丝杠传动机构的修理、光杠传动机构的修理、安全离合器和超越离合器的修理及进给操纵机构的修理等。

①丝杠传动机构的修理。主要包括传动丝杠及开合螺母机构的修理。丝杠一般应根据磨损情况确定修理或更换，修理一般可采用校直和精车的方法。

②溜板箱燕尾导轨的修理。用平板配刮导轨面，用专用角度底座配刮导轨面。刮研时要用 90°角尺测量导轨面对溜板结合面的垂直度误差，其误差值为在 200 mm 长度上不大于 0.08~0.10 mm，导轨面与研具间的接触点达到均匀即可。

③开合螺母体的修理。由于燕尾导轨的刮研，使开合螺母体的螺母安装孔中心位置产生位移，造成丝杠螺母的同轴度误差增大。当其误差超过 0.05~0.08 mm 时，将使安装后的溜板箱移动阻力增加，丝杠旋转时受到侧弯力矩的作用，因此当丝杠螺母的同轴度误差超差时必须设法消除，一般采取在开合螺母体燕尾导轨面上粘贴铸铁板或聚四氟乙烯胶带的方法消除。测量时将开合螺母体夹持在专用心轴上，然后用千斤顶将溜板箱在测量平台上垫起，调整溜板箱的高度，使溜板箱结合面与 90°角尺直角边贴合，使心轴母线与测量平台平行，测量心轴之间的高度差△值，此测量值△的大小即为开合螺母体燕尾导轨修复的补偿量（实际补偿量还应加上开合螺母体燕尾导轨的刮研余量）。

消除上述误差后，须将开合螺母体与溜板箱导轨面配刮。刮研时首先车一个实心的螺母坯，其外径与螺母体相配，并用螺钉与开合螺母体装配好，然后和溜板箱导轨面配刮，要求两者间的接触精度不低于 8～10 点/25 mm×25 mm，用心轴检验螺母体轴线与溜板箱结合面的平行度，其误差控制在 200 mm 测量长度上不大于 0.08～0.10 mm，然后配刮调整塞铁。

④开合螺母的配作。开合螺母应根据修理后的丝杠进行配作，其加工是在溜板箱体和螺母体的燕尾导轨修复后进行的。首先将实心螺母坯和刮好的螺母体安装在溜板箱上，并将溜板箱放置在卧式镗床的工作台上；找正溜板箱结合面，以光杠孔中心为基准，按孔间距的设计尺寸平移工作台，找出丝杠孔中心位置，在镗床上加工出内螺纹底孔；然后以此孔为基准，在卧式车床上精车内螺纹至要求，最后将开合螺母切开为两半并倒角。

⑤光杠传动机构的修理。光杠传动机构由光杠、传动滑键和传动齿轮组成。光杠的弯曲、光杠键槽及滑键的磨损、齿轮的磨损，将会引起光杠传动不平稳，床鞍纵向工作进给时产生爬行。光杠的弯曲采用校直修复，校直后再修正键槽，使装配在光杠轴上的传动齿轮在全长上移动灵活。滑键、齿轮磨损严重时一般需更换。

⑥安全离合器和超越离合器的修理。超越离合器用于刀架快速运动和工作进给运动的相互转换，安全离合器用于刀架工作进给超载时自动停止，起超载保护作用。

超越离合器经常出现传递力小时易打滑、传递力大时快慢转换脱不开的故障，造成机床不能正常运转。传递力小时打滑一般可采取加大滚柱直径来解决，传递力大时快慢转换脱不开一般可采取减小滚柱直径来解决。

安全离合器的修复重点是左、右两半离合器接合面的磨损，一般需要更换，然后调整弹簧压力，使之能正常传动。

⑦纵横向进给操纵机构的修理。卧式车床纵横向进给操纵机构的功用是实现床鞍的纵向快慢速运动和中滑板的横向快慢速运动的操纵和转换。由于使用频繁，操纵机构的凸轮槽和操纵圆销易产生磨损，使离合器不到位、控制失灵。另外，离合器齿形端面易产生磨损，造成传动打滑。这些磨损件的修理，一般采用更换方法即可。

（八）尾座部件的修理

尾座主要由尾座体、尾座底板、顶尖套筒、尾座丝杠、螺母等组成。其主要作用是支承工件或在尾座顶尖套中装夹刀具来加工工件，要求尾座顶尖套移动轻便，在承受切削载荷时稳定可靠。

尾座体部件的修理主要包括尾座体孔、顶尖套筒、尾座底板、丝杠螺母、夹紧机构的修理，修复的重点是尾座体孔。

1. 尾座体孔的修理

一般是先恢复孔的精度，然后根据已修复的孔的实际尺寸配尾座顶尖套筒。由于顶尖套筒受径向载荷并经常处于夹紧状态下工作，尾座体孔容易磨损和变形，使尾座体孔孔径呈椭圆形，孔前端呈喇叭形。在修复时，若孔磨损严重，可在镗床上精确修正，然后研磨至要求，铣修时须考虑尾座部件的刚度，将锥削余量严格控制在最小范围；若磨损较轻则可采用研磨方法进行修正。研磨时，利用可调式研磨棒，以摇臂钻床为动力在垂直方向研磨，以防止研磨棒的重力影响研磨精度。尾座体孔修复后应达到如下精度要求：圆度、圆柱度误差不大于 0.01 mm，研磨后的尾座体孔与更换或修复后的尾座顶尖套筒配合为 H7/h6。

2. 顶尖套筒的修理

尾座体孔修磨后，必须配制相应的顶尖套筒才能保证两者间的配合精度。顶尖套筒的配制可根据尾座体孔修复情况而定，当尾座体孔磨损严重采用镗修法修正时，可更换新制套筒，并增加外径尺寸，达到与尾座体孔的配合要求；当尾座体孔磨损较轻，采用研磨法修正时，可将原件经修磨外径及锥孔后整体镀铬，然后再精车外圆，达到与尾座体孔的配合要求。尾座顶尖套筒经修配后，应达到如下精度要求：套筒外径圆度、圆柱度小于 0.008 mm；锥孔轴线相对外径的径向圆跳动误差在端部小于 0.01 mm，在 300 mm 处小于 0.02 mm；锥孔修复后端面的轴线位移不超过 5 mm。

3. 尾座底板的修理

尾座底板使用日久会发生磨损，通常刨去一层，然后进行刮研加以修复。床身导轨刮研修复以及尾座底板的磨损，必然使尾座体孔中心线下沉，导致尾座体孔中心线与主轴轴线高度方向的尺寸链产生误差，使卧式车床加工轴类零件时圆柱度超差。此时可在尾座垫板和尾座体之间加一适当厚度的薄垫片。

4. 丝杠螺母副及锁紧装置的修理

尾座丝杠螺母磨损后一般可更换新的丝杠螺母副，也可修丝杠配螺母；尾座顶尖套筒修复后必须相应修刮紧固块，使紧固块圆弧面与尾座顶尖套筒圆弧面接触良好。

5. 尾座部件与床身的拼装

尾座部件安装时，应通过检验和进一步刮研，使尾座安装后达到如下要求：

①尾座体与尾座底板的接触面之间用 0.03 mm 塞尺检查时不得插入。

②主轴锥孔轴线和尾座顶尖套筒锥孔轴线对床身导轨的等高度误差不大于 0.06 mm，且只允许尾座端高。

③床鞍移动对尾座顶尖套筒伸出方向的平行度在 100 mm 长度上，上母线不大于 0.03 mm，侧母线不大于 0.01 mm。

④床鞍移动对尾座顶尖套筒锥孔轴线的平行度误差在 100 mm 测量长度上，上母线和侧母线不大于 0.03 mm。

二、卧式铣床的修理

在铣床的修理过程中，可以几个部件同时进行，也可以交叉进行。一般可按下列顺序修理：主轴及变速箱、床身、升降台及下滑板、回转滑板、工作台、工作台与回转滑板配刮、悬梁和刀杆支架等。

（一）主轴部件的修理

1. 主轴的修复

主轴是机床的关键零件，其工作性能直接影响机床的精度，因此修理中必须对主轴各部分进行全面检查。如果发现有超差现象，应修复至原来的精度。目前，主轴的修复一般是在磨床上精磨各轴颈和精密定位圆锥等表面。

①主轴轴颈及轴肩面的检测与修理。在平板上用 V 形架支承主轴的 A、B 轴颈，用千分尺检测各表面间的同轴度，其允差为 0.007 mm。如果同轴度超差，可采用镀铬工艺修复并磨削各轴颈至要求。再用千分表检测表面的径向圆跳动，允差为 0.007 mm。如果超差可以在修磨表面的同时磨削表面，表面的径向圆跳动量允差为 0.005 mm，可以同时修磨至要求。

②主轴锥孔的检测与修复。把带有锥柄的检验棒插入主轴锥孔，并用拉杆拉紧，用千分表检测主轴锥孔的径向圆跳动量，要求在近主轴端的允差为 0.005 mm，距主轴端 300 mm 处为 0.01 mm。如果达不到上述精度要求或内锥表面磨损，则将主轴尾部用磨床卡盘夹持，用中心架支承轴颈进行修磨，使其小于 0.005 mm，同时校正轴颈，使其与工作台运动方向平行；然后修磨主轴锥孔使其径向圆跳动量在允许范围内，并使接触率大于 70%。

2. 主轴部件的装配

主轴有三个支承，前支承、中间支承为圆锥滚子轴承，后支承为深沟球轴承。前、中轴承是决定主轴工作精度的主要支承，后轴承是辅助支承。前、中轴承可采用定向装配方法，以提高这对轴承的装配精度。主轴上装有飞轮，利用它的惯性储存能量，以便消除铣削时的振动，使主轴旋转更加平稳。

为了使主轴得到理想的旋转精度，在装配过程中，要特别注意前、中两个圆锥滚子轴承径向和轴向间隙的调整。调整时，先松开紧固螺钉，然后用专用扳手钩住调整螺母上的孔，借主轴端面键转动主轴，使轴承内圈右移，以消除两个轴承的径向和轴向间隙。调整完毕，再把紧固螺钉拧紧，防止其松动。轴承的预紧量应根据机床的工作要求决定，当机床进行载荷不大的精加工时，预紧量可稍大一些，但应保证在 1500 r/min 转速下运转 30~60 min 后，轴承的温度不超过 60℃ 。

对螺母右端面的调整有较严格的要求，其右端面的圆跳动量应在 0.005 mm 内，其两端面的平行度应在 0.001 mm 内，否则将对主轴的径向圆跳动产生一定影响。

主轴的装配精度应按 GB 3933-83 卧式万能升降台铣床精度标准、允差、检验方法的要求进行检查。

（二）主传动变速箱的修理

轴的轴承和安装方式基本一样，左端轴承采用内、外圈分别固定于轴上和箱体孔中的形式；右端轴承则采用只将内圈固定于轴上，外圈则在箱体孔中游动的方式。装配轴时，轴由左端伸入箱体孔中一段长度后，把齿轮安装到花键轴上，然后装右端轴承，将轴全部伸入箱体内，并将两端轴承调整好固定。轴应由右端向左装配，先伸入右边一跨，安装大滑移齿轮块；轴继续前伸至左边一跨，安装中间轴承和三联滑移齿轮块，并将三个轴承调整好。

1. 主传动变速操纵机构的组成

主传动变速操纵机构主要由孔盘、齿条轴、齿轮及拨叉等组成。变速时，将手柄按顺时针转动，通过齿扇、齿杆、拨叉使孔盘向右移动，与齿条轴脱开；根据转速转动选速盘，通过锥齿轮使孔盘转到所需的位置；再将手柄逆时针转动到原位，孔盘使三组齿条轴改变位置，从而使三联滑移齿轮块改变啮合位置，实现主轴的 18 种转速的变换。

瞬时压合开关使电动机启动。当凸块随齿扇转过后，开关重新断开电动机随即断电停止转动。电动机只启动运转了很短的时间，以便于滑移齿轮与固定齿轮的啮合。

2. 主传动变速操纵机构的调整

为避免组装操纵机构时错位，拆卸选速盘轴上的锥齿轮时要标记啮合位置。拆卸齿条轴中的销子时，每对销子长短不同，不能装错，否则将会影响齿条轴脱开孔盘的时间和拨动齿轮的正常顺序。另一种方法是在拆卸之前，把选速盘转到 30 r/min 的位置上，按拆卸位置进行装配；装配好后扳动手柄使孔盘定位，并应保证齿轮的中心至孔盘端面的距离为 231 mm。若尺寸不符，说明齿条轴啮合位置不正确。此时应使齿条轴顶紧孔盘，重新装入齿轮，然后检查齿轮的中心至孔盘端面的距离是否达到要求，再检查各转速位置是否正确无误。

当变速操纵手柄回到原位并合上定位槽后，如发现齿条轴上的拨叉来回窜动或滑移齿轮错位时，可拆出该组齿条轴之间的齿轮，用力将齿条轴顶紧孔盘端面，再装入齿轮。

（三）床身导轨的修理要求

要恢复其精度，可采用磨削或刮削的方法。对床身导轨的具体要求有以下几方面：

①磨削或刮削床身导轨面时，应以主轴回转轴线为基准，保证导轨纵向垂直度允差在 0.015 mm/300 mm 以内，且只允许回转轴线向下偏；横向垂直度允差为 0.01 mm/300 mm。

②保证导轨的平行度，全长上允差为 0.02 mm；直线度允差为 0.02 mm/1000 mm，并允许中凹。

③燕尾导轨面结合悬梁修理进行配刮。

④采用磨削工艺，各表面的表面粗糙度 Ra 值应小于 0.8 μm。采用刮削工艺，各表面的接触点为 6~8 点/25 mm×25 mm。

（四）升降台与床鞍、床身的装配

升降台的修理一般采用磨削或刮削的方法，与床鞍或床身相配时，再进行配刮。要求修磨后的升降台导轨面的平面度小于 0.01 mm；导轨面的垂直度允差在全长上为 0.02 mm，直线度允差为 0.02 mm/1000 mm；导轨面的平行度允差在全长上为 0.02 mm，且只允许中凹。

1. 升降台与床鞍下滑板的装配

①以升降台修磨后的导轨面为基准，刮研下滑板导轨面，接触点为 6~8 点/25 mm×25 mm。

②刮研下滑板表面，平行度在全长上达 0.02 mm，接触点为 6~8 点/25 mm×25 mm。

③刮研床鞍下滑板导轨面的平行度，纵向误差小于 0.01 mm/300 mm，横向误差小于 0.015 mm/300 mm。接触点为 6~8 点/25 mm×25 mm。

④刮好的楔铁与压板装在床鞍下滑板上，调整好修刮松紧程度。用塞尺检查楔铁及压板与导轨面的密合程度，用 0.03 mm 塞尺检查，两端插入深度应小于 20 mm。

2. 升降台与床身的装配

将粗刮过的楔铁及压板装在升降台上，调整好松紧，再刮至接触点为 6~8 点/25 mm×25 mm。用 0.04 mm 塞尺检查与导轨面的密合程度，塞尺插入深度小于 20 mm。

（五）升降台与床鞍下滑板传动零件的组装

1. 圆锥齿轮副托架的装配

装配圆锥齿轮副托架时，要求升降台横向传动花键轴中心线与床鞍下滑板的圆锥齿轮副托架中心线的同轴度允差为 0.02 mm。如果床鞍下滑板下沉，可以修磨圆锥齿轮副托架的端面，使之达到要求；若升降台或床鞍下滑板磨损造成水平方向同轴度超差，则可镗削床鞍上的孔，并镶套补偿。

2. 横向进给螺母支架孔的修复

升降台上面的床鞍横向手动或机动是通过横向丝杠带动横向进给螺母座使工作台横向移动的。由于床鞍的下沉，螺母孔的中心线产生同轴度偏差，装配中必须对其加以修正。

第二节　数控机床类设备的维修

一、数控机床伺服系统的故障诊断

（一）主轴伺服系统故障诊断与维修

机床主轴主传动是旋转运动，传递切削力。伺服驱动系统分为直流主轴驱动系统和交流主轴驱动系统两大类，有的数控机床主轴利用通用变频器，驱动三相交流电动机进行速度控制。数控机床要求主轴伺服驱动系统能够在很宽范围内实现转速连续可调，并且稳定可靠。当机床有螺纹加工功能、C轴功能、准停功能和恒线速度加工时，主轴电动机要装配检测元件，对主轴速度和位置进行控制。

主轴驱动变速目前主要有三种形式：一是带有变速齿轮传动方式，可实现分段无级调速，扩大输出转矩，可满足强力切削要求的转矩；二是通过带传动方式，可避免齿轮传动时引起的振动与噪声，适用于低转矩特性要求的小型机床；三是由调速电动机直接驱动的传动方式，主轴传动部件结构简单紧凑，采用这种方式时主轴输入的转矩小。

1. 主轴伺服系统的常见故障形式

当主轴伺服系统发生故障时，通常有三种表现形式：一是在操作面板上用指示灯或CRT显示报警信息；二是在主轴驱动装置上用指示灯或数码管显示故障状态；三是主轴工作不正常，但无任何报警信息。常见数控机床主轴伺服系统的故障有以下几种：

（1）外界干扰

①故障现象：主轴在运转过程中出现无规律性的振动或转动。

②原因分析：主轴伺服系统受电磁、供电线路或信号传输干扰的影响，主轴速度指令信号或反馈信号受到干扰，主轴伺服系统误动作。

③检查方法：令主轴转速指令信号为零，调整零速平衡电位计或漂移补偿量参数值，观察是否是因系统参数变化引起的故障。若调整后仍不能消除该故障，则多为外界干扰信

号引起主轴伺服系统误动作。

④采取措施：电源进线端加装电源净化装置，动力线和信号线分开，布线要合理。信号线和反馈线按要求屏蔽，接地线要可靠。

（2）主轴过载

①故障现象：主轴电动机过热，CNC装置和主轴驱动装置显示过电流报警等。

②原因分析：主轴电动机通风系统不良，动力连线接触不良，机床切削用量过大，主轴频繁正反转等引起电流增加，电能以热能的形式散发出来，主轴驱动系统和CNC装置通过检测显示过载报警。

③检查方法：根据CNC和主轴驱动装置提示报警信息，检查可能引起故障的各种因素。

④采取措施：保持主轴电动机通风系统良好，保持过滤网清洁；检查动力接线端子接触情况；正确使用和操作机床，避免过载。

（3）主轴定位抖动

①故障现象：主轴在正常加工时没有问题，仅在定位时产生抖动。

②原因分析：主轴定位一般分机械、电气和编码器三种准停定位，当定位机械执行机构不到位，检测装置信息有误时会产生抖动。另外主轴定位要有一个减速过程，如果减速、增益等参数设置不当，磁性传感器的电气准停装置中的发磁体和磁传感器之间的间隙发生变化或磁传感器失灵也会引起故障。

③检查方法：根据主轴定位的方式，主要检查各定位、减速检测元件的工作状况和安装固定情况，如限位开关、接近开关等。

④采取措施：保证定位执行元件运转灵活，检测元件稳定可靠。

（4）主轴转速与进给不匹配

①故障现象：当进行螺纹切削、刚性攻螺纹或要求主轴与进给同步配合的加工时，出现进给停止、主轴仍继续运转，或加工螺纹零件出现乱牙现象。

②原因分析：当主轴与进给同步配合加工时，要依靠主轴上的脉冲编码器检测反馈信息，若脉冲编码器或连接电缆有问题，会引起上述故障。

③检查方法：通过调用I/O状态数据，观察编码器信号线的通断状态；取消主轴与进给同步配合，用每分钟进给指令代替每转进给指令来执行程序，可判断故障是否与编码器有关。

④采取措施：更换、维修编码器，检查电缆接线情况，特别注意信号线的抗干扰措施。

（5）转速偏离指令值

①故障现象：实际主轴转速值超过技术要求规定指令值的范围。

②原因分析：电动机负载过大，引起转速降低，或低速极限值设定太小，造成主轴电

动机过载；测速反馈信号变化引起速度控制单元输入变化；主轴驱动装置故障，导致速度控制单元错误输出；CNC 系统输出的主轴转速模拟量（±10V）没有达到与转速指令相对应的值。

③检查方法：空载运转主轴，检测比较实际主轴转速值与指令值，判断故障是否由负载过大引起；检查测速反馈装置及电缆，调节速度反馈量的大小，使实际主轴转速达到指令值；用备件替换法判断驱动装置的故障部位；检查信号电缆的连接情况，调整有关参数，使 CNC 系统输出的模拟量与转速指令值相对应。

④采取措施：更换、维修损坏的部件，调整相关的参数。

（6）主轴异常噪声及振动

首先要区别异常噪声及振动发生在机械部分还是在电气驱动部分：若在减速过程中发生，一般是驱动装置再生回路发生故障；主轴电动机在自由停车过程中若存在噪声和振动，则多为主轴机械部分故障；若振动周期与转速有关，应检查主轴机械部分及测速装置。若无关，一般是主轴驱动装置参数未调整好。

（7）主轴电动机不转

CNC 系统至主轴驱动装置一般有速度控制模拟量信号和使能控制信号，一般为 DC+24V 继电器线圈电压。主轴电动机不转，应重点围绕这两个信号进行检查：检查 CNC 系统是否有速度控制信号输出；检查使能信号是否接通，通过调用 I/O 状态数据，确定主轴的启动条件如润滑、冷却等是否满足；主轴驱动装置故障；主轴电动机故障。

2. 直流主轴伺服系统的日常维护

（1）安装注意事项

①伺服单元应置于密封的强电柜内。为了不使强电柜内温度过高，应将强电柜内部的温升设计在 15℃以下；强电柜的外部空气引入口务必设置过滤器；要注意从排气口侵入尘埃或烟雾；要注意电缆出入口、门等的密封；冷却风扇的风不要直接吹向伺服单元，以免灰尘等附着在伺服单元上。

②安装伺服单元时要考虑到容易维修检查和拆卸。

③电动机的安装要遵守下列原则：安装面要平，且有足够的刚性，要考虑到不会受电动机振动等影响；因为电刷需要定期维修及更换，因此安装位置应尽可能使检修作业容易进行；出入电动机冷却风口的空气要充分，安装位置要尽可能使冷却部分的检修清洁工作容易进行；电动机应安装在灰尘少、湿度不高的场所，环境温度应在 40℃以下；电动机应安装在切削液和油之类的东西不能直接溅到的位置上。

（2）使用检查

①伺服系统启动前的检查按下述步骤进行：检查伺服单元和电动机的信号线、动力线

等的连接是否正确、是否松动以及绝缘是否良好；强电柜和电动机是否可靠接地；电动机电刷的安装是否牢靠，电动机安装螺栓是否完全拧紧。

②使用时注意事项：运行时强电柜门应关闭，检查速度指令值与电动机转速是否一致，负载转矩指示或电动机电流指示是否太大，电动机有否发出异常声音和异常振动，轴承温度是否有急剧上升的不正常现象，在电刷上是否有显著的火花产生的痕迹。

③日常维护：强电柜的空气过滤器每月要清扫一次，强电柜及伺服单元的冷却风扇应每两年检查一次，主轴电动机每天应检查旋转速度、异常振动、异常声音、通风状态、轴承温升、机壳温度和异常味道，主轴电动机每月（至少每三月）应进行电动机电刷的清理和检查、换向器的检查，主轴电动机每半年（至少也要每年一次）须检查测速发电机、轴承，做热管冷却部分的清理和绝缘电阻的测量工作。

3. 交流主轴伺服系统

与直流主轴驱动系统相比，具有如下特点：

①由于驱动系统必须采用微处理器和现代控制理论进行控制，因此其运行平稳、振动和噪声小。

②驱动系统一般都具有再生制动功能，在制动时，既可将电动机能量反馈回电网，起到节能的效果，又可以加快启、制动速度。

③特别是对于全数字式主轴驱动系统，驱动器可直接使用 CNC 的数字量输出信号进行控制，不需要经过 D/A 转换，转速控制精度得到了提高。

④与数字式交流伺服驱动一样，在数字式主轴驱动系统中，还可采用参数设定方法对系统进行静态调整与动态优化，系统设定灵活、调整准确。

⑤由于交流主轴电动机无换向器，主轴电动机通常不需要进行维修。

⑥主轴电动机转速的提高不受换向器的限制，最高转速通常比直流主轴电动机更高，可达到数万转。

交流主轴驱动中采用的主轴定向准停控制方式与直流驱动系统相同。

（二）进给伺服系统故障诊断与维修

1. 常见进给驱动系统

（1）直流进给驱动系统

直流进给驱动-晶闸管调速是利用速度调节器对晶闸管的导通角进行控制，通过改变导通角的大小来改变电枢两端的电压，从而达到调速的目的。

（2）交流进给驱动系统

直流进给伺服系统虽有优良的调速功能，但由于所用电动机有电刷和换向器，易磨损，且换向器换向时会产生火花，从而使电动机的最高转速受到限制。另外，直流电动机结构复杂，制造困难，所用铜铁材料消耗大，制造成本高，而交流电动机却没有这些缺点。近20年来，随着新型大功率电力器件的出现，新型变频技术、现代控制理论以及微型计算机数字控制技术等在实际应用中取得了突破性的进展，促进了交流进给伺服技术的飞速发展，交流进给伺服系统已全面取代了直流进给伺服系统。由于交流伺服电动机采用交流永磁式同步电动机，因此交流进给驱动装置从本质上说是一个电子换向的直流电动机驱动装置。

（3）步进驱动系统

步进电动机驱动的开环控制系统中，典型的有 KT400 数控系统及 KT300 步进驱动装置、SINUMERIK 802S 数控系统配 STEPIDRIVE 步进驱动装置及 IMP5 五相步进电动机等。

2. 伺服系统结构形式

伺服系统不同的结构形式主要体现在检测信号的反馈形式上，以带编码器的伺服电动机为例，主要形式如下：

方式 1——转速反馈与位置反馈信号处理分离。

方式 2——编码器同时作为转速和位置检测，处理均在数控系统中完成。

方式 3——编码器方式同上，处理方式不同。

方式 4——数字式伺服系统。

3. 进给伺服系统故障及诊断方法

进给伺服系统的常见故障有以下几种。

（1）超程

当进给运动超过由软件设定的软限位或由限位开关设定的硬限位时，就会发生超程报警。一般会在 CRT 上显示报警内容，根据数控系统说明书，即可排除故障，解除报警。

（2）过载

当进给运动的负载过大，频繁正、反向运动以及传动链润滑状态不良时，均会引起过载报警。一般会在 CRT± 显示伺服电动机过载、过热或过流等报警信息。同时，在强电柜中的进给驱动单元上，指示灯或数码管会提示驱动单元过载、过电流等信息。

（3）窜动

在进给时出现如下窜动现象：测速信号不稳定，如测速装置故障、测速反馈信号干扰等；速度控制信号不稳定或受到干扰；接线端子接触不良，如螺钉松动等。当窜动发生在由正向运动与反向运动的换向瞬间时，一般是由于进给传动链的反向间隙或伺服系统增益过大所致。

（4）爬行

发生在启动加速段或低速进给时，一般是由于进给传动链的润滑状态不良、伺服系统增益低及外加负载过大等因素所致。尤其要注意的是，伺服电动机和滚珠丝杠连接用的联轴器，由于连接松动或联轴器本身的缺陷，如裂纹等，造成滚珠丝杠转动与伺服电动机的转动不同步，从而使进给运动忽快忽慢，产生爬行现象。

（5）机床出现振动

机床以高速运行时，可能产生振动，这时就会出现过流报警。机床振动问题一般属于速度问题，所以就应去查找速度环；而机床速度的整个调节过程是由速度调节器来完成的，即凡是与速度有关的问题，应该去查找速度调节器，因此振动问题应查找速度调节器。主要从给定信号、反馈信号及速度调节器本身这三方面去查找故障。

（6）伺服电动机不转

数控系统至进给驱动单元除了速度控制信号外，还有使能控制信号，一般为 DC+24V 继电器线圈电压。

（7）位置误差

伺服电动机不转的常用诊断方法有：检查数控系统是否有速度控制信号输出；检查使能信号是否接通，通过 CRT 观察 I/O 状态，分析机床 PLC 梯形图或流程图，以确定进给轴的启动条件，如润滑、冷却等是否满足；对带电磁制动的伺服电动机，应检查电磁制动是否释放；进给驱动单元故障；伺服电动机故障。当伺服轴运动超过位置允差范围时，数控系统就会产生位置误差过大的报警，包括跟随误差、轮廓误差和定位误差等。主要原因有：系统设定的允差范围小；伺服系统增益设置不当；位置检测装置有污染；进给传动链累积误差过大；主轴箱垂直运动时平衡装置，如平衡液压缸等不稳。

（8）漂移

当指令值为 0 时，坐标轴仍移动，从而造成位置误差。通过误差补偿和驱动单元的零速调整来消除。

（9）机械传动部件的间隙与松动

在数控机床的进给传动链中，常常由于传动元件的键槽与键之间的间隙使传动受到破坏，因此，除了在设计时慎重选择键连接机构之外，对加工和装配必须进行严查。在装配滚珠丝杠时应当检查轴承的预紧情况，以防止滚珠丝杠的轴向窜动，因为游隙也是产生明显传动间隙的另一个原因。

（三）进给驱动的故障诊断

1. FANUC 系统进给驱动故障表示方式

（1）CRT 有报警显示的故障

报警号 400～457 为伺服系统错误报警，报警号 702～704 为过热报警。机床切削条件差及机床摩擦力矩增大，引起主回路中的过载继电器动作；切削时伺服电动机电流太大或变压器本身故障，引起变压器热控开关动作；伺服电动机电枢内部短路或绝缘不良等，引起变压器热控开关动作。

（2）报警指示灯指示的报警

BRK——无熔丝断路器切断报警；HVAL——过电压报警；HCAL——过电流报警（伴有 401 号报警）；OVC——过载报警（401 或 702 报警）；LVAL——欠压报警；TGLS——速度反馈信号断线报警；DCAL——放电报警。

（3）无报警显示的故障

机床失控：速度反馈信号为正反馈信号。机床振动：与位置有关的系统参数设定错误、检测装置有故障（随进给速度）。定位精度低：传动链误差大、伺服增益太低。电动机运行噪声过大：换向器的表面粗糙度过低、油液灰尘等侵入电刷或换向器、电动机轴向窜动等。

2. SIEMENS 系统 Profibus 总线报警的故障维修

（1）故障现象

一台配套 SIEMENS SINUMERIK 802D 系统的四轴四联动的数控铣床，开机后有时会出现 380500 Profibus-DP：驱动 A1（有时是 X、Y 或 Z）出错。但关机片刻后重新开机，机床又可以正常工作。

（2）分析及处理过程

因为该报警时有时无，维修时经过数次开关机试验机床无异常，于是检查总线、总线插头，确认连接牢固、正确，接地可靠。但数日后，故障重新出现。仔细检查 611UE 驱动报警显示为"E-B280"，故障原因为电流检测错误，测量驱动器的输入电压，发现实际输入电压为 406V。重新调节变压器的输出电压，机床恢复正常，报警消失。

二、数控机床机械部件的故障诊断

（一）主轴部件的故障诊断与维护

1. 主轴部件的结构特点

数控机床主轴部件是影响机床加工精度的主要部件，它的回转精度影响工件的加工精度，它的功率大小与回转速度影响加工效率，它的自动变速、准停和换刀等影响机床的自动化程度。因此，要求主轴部件具有与本机床工作性能相适应的高回转精度、刚度、抗震性、耐磨性和低的温升。在结构上，必须很好地解决刀具和工件的装夹、轴承的配置、轴承间隙调整和润滑密封等问题。

2. 主轴润滑

为了保证主轴有良好的润滑，减少摩擦发热，同时又能把主轴组件的热量带走，通常采用循环式润滑系统。用液压泵供油强力润滑，在油箱中使用油温控制器控制油液温度。为了适应主轴转速向更高速化发展的需要，新的润滑冷却方式相继开发出来。这些新型润滑冷却方式不仅要减少轴承温升，还要减少轴承内、外圈的温差，以保证主轴热变形小。

（1）油气润滑方式

这种润滑方式近似于油雾润滑方式。所不同的是，油气润滑是定时定量地把油雾送进轴承空隙中，这样既实现了油雾润滑，又不致因油雾太多而污染周围空气。

（2）喷注润滑方式

它用每个轴承 3~4 L/min 的较大流量的恒温油喷注到主轴轴承上，以达到润滑、冷却的目的。这里要特别指出的是，较大流量喷注的油，不是自然回流，而是用排油泵强制排油。同时，采用专用高精度大容量恒温油箱，油温变动控制在±0.5℃。

3. 防泄漏

在密封件中，被密封的介质往往是以穿滑、熔透或扩散的形式越界泄漏到密封连接处的彼侧。造成泄漏的主要原因是流体从密封面上的间隙中溢出，或是由于密封部件内外两侧密封介质的压力差或浓度差，致使流体向压力或浓度低的一侧流动。

4. 主轴部件的维护

维护工作主要包括以下内容：

①熟悉数控机床主轴部件的结构和性能参数，严禁超性能使用。

②主轴部件出现不正常现象时，应立即停机排除故障。

③操作者应注意观察主轴箱温度，检查主轴润滑恒温油箱，调节温度范围，使油量充足。

④使用带传动的主轴系统，定期观察调整主轴驱动带的松紧程度，防止因带打滑造成的丢转现象。

⑤由液压系统平衡主轴箱重量的平衡系统，须定期观察液压系统的压力表，当油压低于要求值时，要进行补油。

⑥使用液压拨叉变速的主传动系统，必须在主轴停车后变速。

⑦使用啮合式电磁离合器变速的主传动系统，离合器必须在低于 1~2 r/min 的转速下变速。

⑧注意保持主轴与刀柄连接部位及刀柄的清洁，防止对主轴的机械碰击。

⑨每年对主轴润滑恒温油箱中的润滑油更换一次，并清洗过滤器。

⑩每年清理润滑油池底一次，并更换液压泵滤油器。

⑪每天检查主轴润滑恒温油箱，使储油量充足，工作正常。

⑫防止各种杂质进入润滑油箱，保持油液清洁。

⑬经常检查轴端及各处密封，防止润滑油液的泄漏。

⑭刀具夹紧装置长时间使用后，会使活塞杆和拉杆间的间隙加大，造成拉杆位移量减少，使碟形弹簧张闭伸缩量不够，影响刀具的夹紧，故须及时调整液压缸活塞的位移量。

⑮经常检查压缩空气气压，并调整到标准要求值。有足够的气压才能彻底清理主轴锥孔中的切屑和灰尘。

5. 主轴故障诊断

主轴故障诊断见表6-1。

表6-1　主轴故障诊断

故障现象	故障原因
主轴发热	轴承损伤或不清洁、轴承油脂耗尽或油脂过多、轴承间隙过小
主轴强力切削停转	电动机与主轴传动的驱动带过松、驱动带表面有油、离合器过松或磨损
润滑油泄漏	润滑油过量、密封件损伤或失效、管件损坏
主轴噪声（振动）	润滑油缺失、带轮动平衡不佳、带过紧、齿轮磨损或啮合间隙过大、轴承损坏、传动轴弯曲
主轴没有润滑或润滑不足	油泵转向不正确、油管未插到油面下2/3深处、油管或滤油器堵塞、供油压力不足
刀具不能夹紧	碟形弹簧位移量太小、刀具松夹弹簧上螺母松动
刀具夹紧后不能松开	刀具松夹弹簧压合过紧、液压缸压力和行程不够

（二）滚珠丝杠螺母副的故障诊断与维护

1. 滚珠丝杠螺母副的特点

①摩擦损失小，传动效率可高达90%~96%。

②传动灵敏，运动平稳，低速时无爬行。

③轴向刚度高。

④具有传动的可逆性。

⑤使用寿命长。

⑥不能实现自锁，且速度过高会卡珠。

⑦制造工艺复杂，成本高。

2. 滚珠丝杠螺母副的维护

（1）轴向间隙的调整

为了保证反向传动精度和轴向刚度，必须消除轴向间隙。双螺母滚珠丝杠副消除间隙的方法是：利用两个螺母的相对轴向位移，使两个滚珠螺母中的滚珠分别贴紧在螺纹滚道的两个相反的侧面上。用这种方法预紧消除轴向间隙时，应注意预紧力不宜过大，预紧力过大会使空载力矩增加，从而降低传动效率，缩短使用寿命。此外还要消除丝杠安装部分和驱动部分的间隙。

（2）支承轴承的定期检查

应定期检查丝杠支承与床身的连接是否有松动，以及支承轴承是否损坏等。如有以上问题，要及时紧固松动部位并更换支承轴承。

（3）滚珠丝杠螺母副的润滑

润滑剂可提高耐磨性及传动效率。润滑剂可分为润滑油和润滑脂两大类。润滑油一般为全损耗系统用油。用润滑油润滑的滚珠丝杠螺母副，可在每次机床工作前加油一次，润滑油经过壳体上的油孔注入螺母的空间内。润滑脂可采用锂基润滑脂。润滑脂一般加在螺纹滚道和安装螺母的壳体空间内，每半年对滚珠丝杠上的润滑脂更换一次，清洗丝杠上的旧润滑脂，涂上新的润滑脂。

（4）滚珠丝杠的防护

滚珠丝杠螺母副和其他滚动摩擦的传动元件一样，应避免硬质灰尘或切屑污物进入，因此必须有防护装置。如滚珠丝杠螺母副在机床上外露，应采用封闭的防护罩，如采用螺旋弹簧钢带套管、伸缩套管以及折叠式套管等。安装时将防护罩的一端连接在滚珠螺母的端面，另一端固定在滚珠丝杠的支承座上。如果处于隐蔽的位置，则可采用密封圈防护，密封圈装在螺母的两端。接触式的弹性密封圈是用耐油橡胶或尼龙制成的，其内孔做成与丝杠螺纹滚道相配的形状，接触式密封圈的防尘效果好，但应有接触压力，使摩擦力矩略有增加。非接触式密封圈又称迷宫式密封圈，它用硬质塑料制成，其内孔与丝杠螺纹滚道的形状相反，并稍有间隙，这样可避免摩擦力矩，但防尘效果差。工作中应避免碰击防护装置，防护装置有损坏要及时更换。

（三）导轨副的故障诊断与维护

导轨是进给系统的主要环节，是机床的基本结构要素之一，导轨的作用是用来支承和引导运动部件沿着直线或圆周方向准确运动。与支承部件连成一体固定不动的导轨称为支承导轨，与运动部件连成一体的导轨称为运动导轨。机床上的运动部件都是沿着床身、立柱、横梁等部件上的导轨而运动，其加工精度、使用寿命、承载能力很大程度上决定于机床导轨的精度和性能。数控机床对于导轨在以下几方面有着更高的要求：高速进给时不振动，低速进给时不爬行；有高的灵敏度；能在重载下长期连续工作；耐磨性好，精度保持性好。

因此，导轨的性能对进给系统的影响是不容忽视的。

1. 导轨的类型和要求

（1）导轨的类型

按运动部件的运动轨迹分为直线运动导轨和圆周运动导轨。按导轨接合面的摩擦特性分为滑动导轨、滚动导轨和静压导轨。

滑动导轨分为：普通滑动导轨——金属与金属相摩擦，摩擦因数大，一般用在普通机床上；塑料滑动导轨——塑料与金属相摩擦，导轨的滑动性好，在数控机床上广泛采用。

静压导轨根据介质的不同又可分为液压导轨和气压导轨。

（2）导轨的一般要求

①高的导向精度。导向精度是指机床的运动部件沿着直线导轨移动的直线性或沿着圆导轨运动的圆周性以及它与有关基面之间相互位置的准确性。各种机床对于导轨本身的精度都有具体的规定或标准，以保证该导轨的导向精度。精度保持性是指导轨能否长期保持其原始精度。此外，还与导轨的机构形式以及支承件材料的稳定性有关。

②良好的耐磨性。这是因为精度丧失的主要因素是导轨的磨损。

③足够的刚度。机床各运动部件所受的外力，最后都由导轨面来承受，若导轨受力以后变形过大，不仅破坏了导向精度，而且恶化了其工作条件。导轨的刚度主要取决于导轨类型、机构形式和尺寸的大小、导轨与床身的连接方式、导轨材料和表面加工质量等。数控机床常用加大导轨截面尺寸或在主导轨外添加辅助导轨等措施来提高刚度。

④良好的摩擦特性。导轨的摩擦因数要小，而且动、静摩擦因数应比较接近，以减小摩擦阻力和导轨热变形，使运动平稳；对于数控机床特别要求运动部件在导轨上低速移动时无爬行现象。

2. 导轨副的故障诊断与维护

（1）导轨副的维护

导轨副的维修主要包括以下内容：

①间隙调整维护。导轨副很重要的一项工作是保证导轨面之间具有合理的间隙。间隙过小，则摩擦阻力大，导轨磨损加剧；间隙过大，则运动失去准确性和平稳性，失去导向精度。

②滚动导轨的预紧。为了提高滚动导轨的刚度，对滚动导轨预紧。预紧可提高接触刚度并消除间隙；在立式滚动导轨上，预紧可防止滚动体脱落和歪斜。

③导轨的润滑。导轨面上进行润滑后，可降低摩擦因数，减少磨损，并且可防止导轨面锈蚀。导轨常用的润滑剂有润滑油和润滑脂，前者用于滑动导轨，而滚动导轨两种都用。

润滑方法：导轨最简单的润滑方式是人工定期加油或用油杯供油。这种方法简单、成本低，但不可靠。一般用于调节辅助导轨及运动速度低、工作不频繁的滚动导轨。对运动速度较高的导轨大都采用润滑泵，以压力强制润滑。这样不但可连续或间歇供油以给导轨进行润滑，而且可利用油的流动冲洗和冷却导轨表面；为实现强制润滑，必须备有专门的供油系统。

对润滑油的要求在工作温度变化时，润滑油黏度变化要小，要有良好的润滑性能和足够的油膜刚度，油中杂质尽量少且不侵蚀机件。常用的全损耗系统用油有 L-AN10、L-AN15、L-AN32、L-AN42、L-AN68，精密机床导轨油 L-HG68，汽轮机油 L-TSA32、L-TSA46 等。

④导轨的防护。为了防止切屑、磨粒或冷却液散落在导轨面上而引起磨损、擦伤和锈蚀，导轨面上应有可靠的防护装置。常用的刮板式、卷帘式和叠层式防护罩，大多用于长导轨上。在机床使用过程中应防止损坏防护罩，对叠层式防护罩应经常用刷子蘸机油清理移动接缝，以避免产生碰壳现象。

（2）导轨的故障诊断

导轨的故障诊断参见表6-2。

表6-2　导轨的故障诊断

故障现象	故障原因
导轨研伤	地基与床身水平有变化，使局部载荷过大；长期短工件加工局部磨损严重；导轨润滑不良；导轨材质不佳；刮研质量差；导轨维护不良落入脏物
移动部件不能移动或运动不良	导轨面研伤、导轨压板损伤、镶条与导轨间隙太小
加工面在接刀处不平	导轨直线度超差、工作台塞铁松动或塞铁弯度过大、机床水平度差使导轨发生弯曲

（四）刀库及换刀装置的故障诊断与维护

加工中心刀库及自动换刀装置的故障表现在：刀库运动故障、定位误差过大、机械手夹持刀柄不稳定和机械手运动误差过大等。这些故障最后都造成换刀动作卡位、整机停止工作，机械维修人员对此要有足够的重视。

1. 刀库与换刀机械手的维护要点

①严禁把超重、超长的刀具装入刀库里发生碰撞。防止在机械手换刀时掉刀或刀具与工件、夹具等发生碰撞。

②顺序选刀方式必须注意刀具放置在刀库上的顺序要正确。其他选刀方式也要注意所换刀具号是否与所需刀具一致，防止换错刀具导致发生事故。

③用手动方式往刀库上装刀时，要确保装到位、装牢靠。检查刀座上的锁紧是否可靠。

④经常检查刀库的回零位置是否正确，检查机床主轴回换刀点位置是否到位，并及时

调整，否则不能完成换刀动作。

⑤要注意保持刀具、刀柄和刀套的清洁。

⑥开机时，应先使刀库和机械手空运行，检查各部分工作是否正常，特别是各行程开关和电磁阀能否正常动作，检查机械手液压系统的压力是否正常，刀具在机械手上锁紧是否可靠，发现不正常及时处理。

2. 刀库与换刀机械手的故障诊断

刀库与换刀机械手的故障诊断参见表6-3。

表6-3 刀库与换刀机械手的故障诊断

故障现象	故障原因
刀库中的刀套不能卡紧刀具	刀套上的卡紧螺母松动
刀库不能旋转	连接电动机轴与蜗杆轴的联轴器松动
刀具从机械手中滑落	刀具过重，机械手卡紧销损坏
换刀时掉刀	换刀时主轴箱没有回到换刀点或换刀点发生了漂移，机械手抓刀时没有到位就开始拔刀
机械手换刀时速度过快或过慢	气动机械手气压太高或太低、换刀气路节流口太大或太小

第三节 液压系统的维修

一、设备液压系统的修理内容及要求

（一）设备液压系统小修的内容及要求

设备液压系统的小修是以操作者为主体，并在维修工人指导下，对设备进行局部解体和检查、清洗，并紧固连接件。其内容如下：

①对油箱内油液进行过滤，若发现油液变质，应更换油液。

②清洗滤网和空气滤清器，若发现损坏应及时更换。

③清洗油箱内部和外表。

④对已经发现有泄漏的两个结合面，如板式阀与安装板之间，应更换密封件，并紧固螺钉。

⑤紧固管接头、压盖和法兰盘上的螺钉。

⑥更换被压扁的管子。

⑦清除某些部位的明显外泄漏。

⑧检查电磁铁、压力继电器、行程开关的电气接线是否良好。

（二）设备液压系统大修的内容及要求

设备液压系统的大修通常由专业维修人员进行，大修时有如下要求：

①更换液压缸密封件，如液压缸已无法修复，应成套更换。对还能修复的活塞杆、活塞、柱塞、缸筒等零件，其工作表面不允许有裂缝和划伤。修理后技术性能要满足使用要求。

②对所有液压阀应清洗，更换密封件、弹簧等易损件。对磨损严重、技术性能已不能满足使用要求的元件，应更换。

③检修液压泵，经过修理和试验，泵原来的主要技术性能指标均达到要求才能继续使用，否则应更换新泵。

④对压力表要进行性能测定和校正，若不合质量指标，应更换新表。新压力表必须灵活、可靠、字面清晰、指示准确。压力表开关要达到调节灵敏，安全可靠。

⑤各种管子要清洗干净。更换被压扁的管子。不允许使用有明显坑点和敲击斑点的管子。管道排列要整齐，并配齐管夹。高压胶管外皮已有破损等严重缺陷的应更换。

⑥油管内部、空气滤清器、过滤器均要清洗干净。对已损坏的过滤器应更换。油箱中的一切附件应配齐，油位指示器要清晰、明显。

⑦全部排油管均应插入油面以下，以防止产生泡沫和吸入空气。

⑧液压系统在规定的工作速度和工作压力范围内运动时，不应发生振动、噪声以及显著冲击等现象。

⑨系统工作时油箱内不应产生泡沫。油箱内温度不应超过 55℃。当环境温度高于 35℃时，系统连续工作 4h，其油温不得超过 65℃。

二、液压元件的修理

（一）液压阀的修理

液压控制阀的作用是控制和调节液压系统中油液的压力、流量和流向，以满足各种工作要求。根据其用途和特点，可分为换向阀、压力控制阀（如溢流阀、减压阀、顺序阀等）。

1. 换向阀的修理

换向阀的作用是利用阀芯和阀体的相对运动，变换油液流动的方向、通或关闭油路。换向阀的常见故障及其排除方法参见表6-4。

表 6-4 换向阀的常见故障及其排除方法

故障现象	产生原因	排除方法
阀芯不能移动	①换向阀阀芯表面划伤、阀体内孔划伤、油液中杂质使阀芯卡住、阀芯变形等原因，致使阀芯移不动 ②阀芯与阀体内孔配合间隙过大或过小。间隙过大，阀芯在阀体内歪斜，使阀芯卡住；间隙过小，摩擦阻力增加，阀芯移不动 ③弹簧太软，阀芯不能自动复位；弹簧太硬，阀芯推不到位 ④电磁换向阀的电磁铁损坏 ⑤液压控制的换向阀两端的节流阀或单向阀失灵 ⑥控制液动换向阀阀芯移动的压力油油压太低 ⑦油液黏度太大，阀芯移动困难 ⑧油温太高，阀芯热变形卡住 ⑨连接螺钉有的过松，有的过紧，致使阀体变形，阀芯移不动。另外，安装基面平面度超差，紧固后阀体也会变形	①拆开换向阀，仔细清洗，研磨修复阀体，修磨、校直阀芯或更换阀芯 ②检查配合间隙，间隙太小，研磨阀芯；间隙太大，重配阀芯，也可以采用电镀工艺，增大阀芯直径。阀芯直径小于 20 mm 时，正常配合间隙在 0.008~0.015 mm 范围内；阀芯直径大于 20 mm 时，正常配合间隙在 0.015~0.025 mm 范围内 ③更换弹簧 ④更换或修复电磁铁 ⑤仔细检查节流阀是否堵塞，单向阀是否泄漏，根据情况进行修复 ⑥检查压力低的原因，对症解决 ⑦更换成黏度适合的油液 ⑧找出油温高的原因，根据情况降低油温 ⑨松开全部螺钉，重新均匀拧紧。如果因安装基面平面度超差阀芯移不动，则重磨安装基面，使基面平面度达到规定要求
电磁铁的线圈烧坏	①线圈绝缘不良 ②电磁铁铁芯轴线与阀芯轴线同轴度不良 ③供电电压太高 ④阀芯被卡住，电磁力推不动阀芯 ⑤回油口背压过高	①更换电磁铁线圈 ②拆卸电磁铁重新装配 ③按规定电压值来纠正供电电压 ④拆开换向阀，仔细检查弹簧力是否太强，阀芯是否被脏物卡住以及其他推不动阀芯的原因，然后找出解决的办法，进行修复并更换电磁铁线圈 ⑤检查背压过高原因，对症解决
换向阀出现噪声	①电磁铁推杆过长或过短 ②电磁铁铁芯的吸合面不平或接触不良	①修整或更换推杆 ②拆开电磁铁，修整吸合面，清除脏物

　　滑阀与阀体的主要缺陷是配合表面产生磨损及几何形状误差。用磨削的方法消除滑阀的几何形状误差，然后将滑阀外径镀铬、加工，再与阀孔对研，达到表面粗糙度 Ra 值 0.16 μm，几何形状误差应小于 0.003~0.005 mm，配合间隙应正确，其范围如表 6-5 所示。

表 6-5 滑阀与阀体的配合间隙 mm

名义直径	6	12	20	25	50	75	100
配合间隙	0.003~0.013	0.005~0.018	0.008~0.024	0.013~0.024	0.02~0.045	0.025~0.058	0.032~0.065

阀体应进行渗漏试验，试验压力应为实际工作压力的 125%，5 min 内不得渗漏。

滑阀弹簧自由高度降低 1/12 或弹力降低 1/5 时应报废换新弹簧。

2. 压力控制阀的修理

压力控制阀的作用是控制和调节液压系统中工作油液的压力，其基本工作原理是借助于节流口的降压作用，使油液压力和弹簧张力相平衡。压力控制阀的常见故障及排除方法见表 6-7。

表 6-7 压力控制阀的常见故障及其排除方法

故障现象	产生原因	排除方法
压力波动大	①钢球不圆或锥阀缺裂，钢球或锥阀与阀座密合不好 ②弹簧变形太大或太软，甚至在滑阀中卡住，使滑阀移动困难 ③滑阀拉毛或弯曲变形，致使滑阀在阀体孔内移动不灵活 ④油液不清洁，将阻尼孔阻塞，同时，由于滑阀与阀体孔配合间隙较小，而在小孔、缝隙处的流速软大，油液中的污物在小孔、缝隙及径向间隙内集聚，有时又被压力油冲走，造成开口变化 ⑤滑阀或阀体孔圆度及母线平行度不好，使滑阀卡住 ⑥液压系统中存在空气 ⑦液压泵流量和压力波动，阀无法起平衡作用	①调换钢球或修磨锥阀，研磨阀座 ②更换弹簧 ③除去毛刺或更换滑阀 ④更换油液，清除阻尼孔内污物及阀体内杂质 ⑤检查滑阀与阀体孔精度，使其圆度及母线平行度不超过 0.0015 mm ⑥排除系统中的空气 ⑦修复液压泵
噪声大	①滑阀与阀体孔配合间隙或圆度误差太大，引起泄漏 ②弹簧弯曲变形 ③滑阀与阀体孔配合间隙过小 ④锁紧螺母松动 ⑤液压泵进油不畅 ⑥压力控制阀的回油管贴近油箱底面，使回油不畅	①研磨阀孔，重配滑阀，使之各项精度达到技术要求 ②更换弹簧 ③修磨滑阀或研磨阀体孔 ④调压后应紧固锁紧螺母 ⑤清除进油口处滤油器的污物，紧固各连接处，严防泄漏，适当增加进油面积 ⑥回油管应离油箱底面 50 mm 以上

故障现象	产生原因	排除方法
调整无效（压力提不高或压力突然升高）	①滑阀在开口（关闭或开启）位置被卡住，使压力无法建立 ②弹簧变形或断裂等 ③阻尼孔堵塞，使滑阀在一端的液压力作用下，克服平衡弹簧的弹簧力将阀的排油通道打开，因而压力阀所控制的压力较低，特别是突然出现压力调不高时，这种可能性很大 ④进、出口装反，无压力油去推动滑阀移动 ⑤压力阀的回油不畅 ⑥锥阀与阀座配合不良而产生漏油 ⑦调压弹簧压缩量不够 ⑧调压弹簧选用不适合	①使滑阀在阀体孔内移动灵活 ②更换弹簧 ③清洗和疏通阻尼孔通道 ④纠正进、出油口油管位置 ⑤应尽可能缩短回油管道，使回油通畅 ⑥研磨阀座与修磨锥阀 ⑦调节调压螺钉，增加压缩量 ⑧更换合适的调压弹簧
泄漏	①锥阀与阀座配合不良 ②密封件损坏 ③滑阀与阀体孔配合间隙太大 ④各连接处螺钉未拧紧 ⑤YF 型溢流阀的主阀芯与阀盖孔配合处磨损及主阀芯与阀座密封处损坏 ⑥接合处的纸垫冲破	①研磨阀座，修磨锥阀，使其配合良好 ②更换密封件 ③重做滑阀，重配间隙 ④紧固各连接处螺钉 ⑤更换主阀芯，重配间隙，并更换密封件 ⑥更换耐油纸垫，且须保证通油顺畅
减压阀不起减压作用	①滑阀上的阻尼小孔堵塞 ②滑阀在阀孔中卡住 ③弹簧永久变形 ④钢球或锥阀与阀座配合不好	①清洗及疏通阻尼通道 ②清洗或研配滑阀，使之移动灵活无阻 ③更换弹簧 ④更换钢球或修磨锥阀，研磨阀座
压力继电器失灵	①弹簧永久变形 ②滑阀在阀孔中移动不灵活 ③薄膜片变形或失去弹性 ④钢球不圆 ⑤行程开关不发信号	①更换弹簧 ②清洗或研配滑阀 ③更换薄膜片 ④更换钢球 ⑤修复或更换行程开关

  压力控制阀的主要磨损件是滑阀或锥阀、阀体孔及阀座。当阀体孔磨损后，可采用布磨或研磨修复。修复后内孔的圆度、圆柱度均不超过 0.005 mm。由于阀体孔修理后尺寸变大，须更换滑阀，以保持配合间隙在 0.015~0.025 mm 范围内。

  压力控制阀中的弹簧发生永久变形或损坏时应更换。新弹簧的尺寸、性能应与原弹簧相同，且两端面磨平，保持与弹簧自身轴线垂直。

（二）齿轮泵与齿轮马达的修理

齿轮泵的常见故障及其排除方法参见表 6-8。

表 6-8　齿轮泵的常见故障及其排除方法

故障现象	产生原因	排除方法
噪声大	①CB-B 型齿轮泵由于泵体与前、后盖是硬性接触（不用纸垫），若泵体与前、后盖的接触面平面度不好，则在旋转时进入空气；同时，该泵的泵盖上长、短轴两端的密封过去采用铸铁压盖，倒角大，与泵盖又是硬性接触，不能保证可靠密封（现采用塑料压盖，因塑料压盖损坏或因热胀冷缩问题也会产生类似情况）；此外，若齿轮泵各接合面及管道密封不严、密封件损坏等也会混入空气 ②泵与电动机连接的联轴器碰擦 ③齿轮的齿形精度不好或接触不良 ④CB-B 型齿轮泵中的骨架式密封圈密封性能较差和损坏，或装配时骨架密封圈内弹簧脱落，致使空气混入 ⑤泵内个别零件损坏 ⑥轴向间隙过小 ⑦齿轮内孔与端面不垂直，端盖上两孔轴心线不平行等 ⑧装配不良，如转动主动轴时有轻重现象 ⑨滚针未充满轴承座圈内孔或滚针断裂，CB-B 型泵滚针轴承保持架损坏 ⑩溢流阀内部阻尼小孔堵塞及滑阀在阀孔中移动不灵活等 ⑪CB-B 型泵前、后盖端面修磨后，两卸荷槽距离增大，产生困油现象	①若泵体与泵盖端面平面度不好，可在平板上用金刚砂研磨或在平面磨床上修磨，使其平面度不超过 0.005 mm（同时要注意端面与孔的垂直度要求）；泵盖孔与铸铁（或塑料）压盖密封处的泄漏，可用环氧树脂胶黏剂涂敷（涂敷前应用丙酮或无水酒精清洗干净）；同时，紧固各连接件、更换密封件等 ②泵与电动机应采用弹性连接；若联轴器中的圆柱、橡胶圈损坏应换新，且安装时应保持两者同轴度在 0.1 mm 范围内 ③更换齿轮或对研修整，也有采用修正齿轮以减小噪声的 ④可采用密封性能较好的双唇口密封圈，若损坏应更换，防止空气混入 ⑤拆检，更换损坏件 ⑥修复后保证轴向间隙 ⑦拆检，修复有关零件的精度 ⑧对齿轮进行重新装配及调整 ⑨在装配时滚针应充满轴承座圈内孔，若损坏则更换滚针或滚针轴承 ⑩拆检溢流阀，清洗或修复 ⑪修整卸荷槽尺寸，使之符合设计要求（两卸荷槽间距 = 2.78 m，m 为齿轮的模数）

故障现象	产生原因	排除方法
机械效率低或咬死	①轴向间隙及径向间隙过小 ②装配不良，如CB-B型泵的盖板与轴的同轴度不好、长轴上的弹簧固紧圈脚太长、滚针轴承质量较差或损坏等 ③泵与电动机的联轴器同轴度不好 ④油液中杂质进入泵内或装配前未清洗干净，存有杂质 ⑤齿轮两侧和齿部有毛刺 ⑥泵内零件未退磁 ⑦两盖板螺孔孔距加工时产生偏移，在装配拧紧螺钉时使两盖板错位 ⑧轴承损坏	①修复后保证轴向间隙或径向间隙 ②重新装配 ③两者的同轴度要求不超过0.1 mm ④严防周围灰砂、铁屑及冷却水等进入油池，以保持油液清洁。同时，在装配前应仔细清洗待装配零件 ⑤在装配前仔细清除毛刺 ⑥在装配前应将全部零件退磁 ⑦两盖板在装配时重攻螺纹，使之用螺钉连接时无错位现象 ⑧更换轴承
容积效率低、压力提不高	①轴向间隙与径向间隙过大，内泄漏大 ②各连接处泄漏 ③油液黏度太大或太小 ④溢流阀失灵，如滑阀与阀体中的阻尼小孔堵塞、滑阀与阀体孔配合间隙太大、调压弹簧质量不良等 ⑤若是新泵，可能泵体有砂眼、缩孔等铸造缺陷 ⑥进油位置太高	①修复齿轮轴，调整轴向间隙（如将端盖适当研磨掉一薄层等） ②紧固各连接处，严防泄漏 ③该系列齿轮泵选用的油液黏度应与机床说明书相符，还要根据气温变化合理选用 ④见"压力控制阀的修理" ⑤更换泵体 ⑥进油高度不得超过500 mm
CB-B型泵的压盖及骨架密封圈有时被冲出	①压盖堵塞了前、后盖板的回油通道，造成回油不畅而产生很大压力 ②骨架密封圈与泵的前盖配合过松 ③装配时将泵体方向装反，使出油口接通卸荷槽，形成压力，冲出骨架密封圈 ④泄漏通道被污物阻塞	①将压盖取出重新压进，注意不要堵塞回油通道，且不出现漏气现象 ②检查骨架密封圈外圈与泵的前盖配合间隙，骨架密封圈应压入泵的前盖，若间隙过大，应更换新的骨架密封圈 ③重新装配泵体 ④清除泄漏通道的污物

齿轮泵与齿轮马达的修理包括齿轮的修理、泵盖的修理、泵体的修理、轴承的修理。

1. 齿轮的修理

齿轮修理的技术要求较高，工艺规范严格。齿轮端面、外径、轴颈磨损后可用镀铬或研磨的方法修理。若齿轮的齿面有严重的疲劳剥落斑点、齿侧间隙超过最大的允许值

0.35 mm 时，齿轮不予修复，应换新品。若齿轮齿面磨损不严重，齿顶也磨损轻微时，只要对齿轮端面的磨损痕迹进行稍许磨削和研磨，就可以使齿轮延长一段使用寿命。但修过的端面对轴颈的跳动量不得大于 0.01 mm，两齿轮的宽度相差不得大于 0.005 mm，表面粗糙度 Ra 值为 1.25 μm。

2. 泵盖的修理

泵盖端面磨损后，应该以磨削或研磨的方法整平，表面粗糙度 Ra 值为 1.25 μm。在加工中不应破坏端面与轴孔中心线的相互垂直度要求。

3. 泵体的修理

壳体内孔磨损多发生在低压油腔一侧，主要因轴承松旷、高压油推压等造成。其磨损量应小于 0.05 mm。磨损后可用镀铁和刷镀的方法修复，修复后其锥度、椭圆度应小于 0.01 mm。

4. 轴承的修理

轴承径向间隙大于 0.01 mm 时应更换新轴承。其中滑动轴承有青铜套、尼龙套、粉末冶金轴套等。与滚针轴承相配合的轴颈表面粗糙度 Ra 值应为 0.16 μm。轴套端面的磨损伤痕，可用研磨的方法消除，由此引起的与齿轮轴向间隙的变化，可以用增减垫片来进行补偿。

（三）柱塞泵与柱塞马达的修理

柱塞泵与柱塞马达的缺陷主要是柱塞与泵体孔配合面的磨损，配油阀密封不严和配油盘与缸体接合面密封不严，从而引起内泄漏增加，不能吸油或吸油量不足，以及形成不了压力。根据柱塞泵的工作原理，凡是影响或破坏柱塞与柱塞孔组成的密闭空间的密封性，以及密闭空间容积的有关零件的磨损或损坏，都会引起故障。

柱塞与泵体的配合间隙，以 JB 型为例，其标准值为 0.036~0.042 mm，它的允许值通常是以能否达到规定的压力和流量或容积效率来判断。每种油泵都有它的规定标准，一般机械设备所用的柱塞油泵，其规定的容积效率都在 0.9 以上。当确认配合间隙超限，可选配相应加大直径的柱塞或将旧柱塞进行镀铬修复，然后选用粒度为 M10（2000 号）以下的研磨剂将柱塞与孔对研，直至达到规定的配合间隙和表面粗糙度、形状误差为止。

柱塞泵与柱塞马达修理的主要内容如下。

1. 缸体的修理

缸体最易磨损的部位是与柱塞配合的柱塞孔内壁，以及与配油盘接触的端面，这两个配合间隙增大，都将使内泄漏增加。端面磨损后可先在平面磨床上精磨端面，然后再用氧化铬抛光膏抛光。加工后，端面平面度应在 0.005 mm 以内，粗糙度 Ra 值达 0.2 μm。

2. 配油盘的修理

配油盘与缸体接触的端面会产生磨损，出现磨痕，使密封面粗糙度值增大，引起内泄漏增加。磨损的端面可在平板上研磨，消除磨痕，获得合适的表面粗糙度。端面修磨后，表面粗糙度 Ra 值不得大于 0.05 μm，但不得小于 0.2 μm。表面粗糙度值过小或过大，均不利于润滑油的储存，会加速磨损。磨修后端面平面度应在 0.005 mm 以内，两端面的平行度为 0.01 mm。

3. 斜盘的修理

斜盘与滑靴接触的表面会产生磨损，可在板上研磨至 Ra 值为 0.08 μm，平面度在 0.005 mm 以内。

参考文献

［1］连潇，曹巨华，李素斌．机械制造与机电工程［M］.汕头：汕头大学出版社，2022.01.

［2］马晋芳，乔宁宁．金属材料与机械制造工艺［M］.长春：吉林科学技术出版社，2022.03.

［3］黄力刚．机械制造自动化及先进制造技术研究［M］.北京：中国原子能出版传媒有限公司，2022.03.

［4］李聪波，刘飞，曹华军．机械加工制造系统能效理论与技术［M］.北京：机械工业出版社，2022.06.

［5］陈艳芳，邹武，魏娜莎．智能制造时代机械设计制造及其自动化技术研究［M］.北京：中国原子能出版传媒有限公司，2022.03.

［6］杜素梅．机械制造基础［M］.北京：机械工业出版社，2022.05.

［7］尹明富．机械制造技术基础［M］.西安：西安电子科学技术大学出版社，2022.05.

［8］吴俊飞，付平，王帅．机械制造基础［M］.北京：北京理工大学出版社，2022.09.

［9］张厚艳．机械制造基础［M］.西安：西安电子科学技术大学出版社，2022.07.

［10］李俊涛．机械制造技术［M］.北京：北京理工大学出版社，2022.02.

［11］陈建东，任海彬，毕伟．机械制造技术基础［M］.长春：吉林科学技术出版社，2022.04.

［12］崔虹雯．机械制造基础［M］.北京：国家开放大学出版社，2022.

［13］姜毅，张莉，潘成．机械制造技术基础［M］.北京：北京理工大学出版社，2022.11.

［14］吕谊明，于旺．常用通用机械结构与维护（第2版）［M］.北京：机械工业出版社，2021.07.

［15］庞新宇，任芳．机械故障诊断基础［M］.北京：机械工业出版社，2021.04.

［16］庄凯．机械制造工艺基础［M］．北京：科学出版社，2021.03.

［17］王建春，颜爱平，唐波．机械制造基础［M］．西安：西安电子科学技术大学出版
社，2021.12.

［18］焦艳梅．机械制造与自动化应用［M］．汕头：汕头大学出版社，2021.

［19］方月，钱小川．机械原理与制造技术研究［M］．哈尔滨：东北林业大学出版
社，2021.06.

［20］于文强，刘馥．机械子系统的设计和制造实现［M］．北京：化学工业出版
社，2021.01.

［21］周梅，陈清奎，赵文波．机械制造工艺［M］．成都：电子科学技术大学出版
社，2020.08.

［22］叶文华．机械制造工艺与装备［M］．北京：电子工业出版社，2020.04.

［23］王正刚．机械制造装备及其设计［M］．南京：南京大学出版社，2020.07.

［24］李潇．机械制造工艺与制图［M］．沈阳：辽宁大学出版社，2020.01.

［25］颜建强．机械制造技术基础［M］．哈尔滨：哈尔滨工业大学出版社，2020.06.

［26］杨翠英，曹金龙．机械制造技术［M］．哈尔滨：哈尔滨工程大学出版社，2020.02.

［27］王金参，冉书明，卢达．机械制造技术［M］．北京：电子工业出版社，2020.03.

［28］焦巍，陈启渊．机械制造技术［M］．北京：清华大学出版社，2020.01.

［29］赵璐，樊伟．机械制造与发动机原理研究［M］．北京：中国原子能出版
社，2020.05.